宇宙は無限か有限か

松原隆彦

光文社新書

まえがき

私たちのまわりには空間が四方八方に広がっています。少なくとも、見た目にはどこまでも果てしなく続いているように思われます。果たしてこの空間は無限に続いているのでしょうか、それとも、十分に大きいだけで実際には有限に途切れているのでしょうか。

もし、宇宙が有限に途切れていて、その途切れた果てを見ることができるのなら、この問題は解決します。でも、今のところ宇宙が有限に途切れているという兆候はありません。そうかといって、私たちに見えていないだけかもしれません。

もし、宇宙空間がどこかで途切れている、としたらどうでしょうか。もしそのような場所があるのなら、そこは宇宙の「果て」ということになりますが、その果ての向こう側はなんなのか、という疑問がすぐに湧いてきます。果ての向こう側にも空間が広がっているのなら、そこは本当の果てではなくて、その外側にも別の宇宙のようなものがあるはずです。すると、その外側の宇宙はどこまで広がっているのかということになり、疑問が元へ戻ってしまいます。

一方、宇宙が無限に続いているとすれば、果ての問題は消え去ってしまいます。空間には終わりというものがなく、どこまで行ってもその先に空間がつながっていることになるからです。でも、そう言われてもなかなか理解が難しいものがあります。無限につながっているとは、一体どういうことなのでしょうか。無限というのは、有限の存在である人間を超越した、神秘的な存在です。無限というものがなんなのか、ありありと想像できるという人はなかなかいないでしょう。

読者は、宇宙がどこかで有限に途切れているのと、無限に続いているのと、どちらが理解しやすいでしょうか。どちらであっても、何らかの疑問が残ってしまうかもしれません。宇宙に果てがあるにしてもないにしても、どちらにしても納得しがたいことになるのは確かです。

結論から言えば、宇宙が無限なのかどうかというのは、現代の科学では答えの出ていない未解決問題です。したがって、本書のタイトルに対する答えを一言で言うなら、不本意ながらも、誰にもわからない、ということになります。宇宙はこうなっている式の、明快で安易な答えを期待される向きには失望されるかもしれませんが、わからないものをわかっているかのように説明するわけにもいきません。

　でも、わかっていない問題について、それがどのようにわかっていないのかを知ることは、実はとても面白いものです。わかっている問題なら、その答えを聞けばそれで終わりです。しかし、わかっていない問題を考えることは、宇宙の神秘へ近づいていく過程そのものです。

　答えのわかっていない問題を考えることほど、知的好奇心を刺激することはありません。そんな問題についてあれこれと考えを巡らせることにより、日常で考えることとは違った考え方を楽しむことができます。

　現代宇宙論においては、私たちに経験できる空間の性質をそのまま大きく伸ばしていったものが宇宙そのものなのではありません。有限の宇宙とか無限の宇宙とかいう言葉の意味からして、あまり明らかではないのです。

　つまり、宇宙の存在というのは常識で理解できるようなものではありません。それについて考えることで、普段は考えるきっかけさえない世界を散歩することができます。日常の思考形式をいったん離れてみれば、違った角度からまた日常の物事を見ることができるようにもなるでしょう。宇宙は無限なのかどうか、という問題をきっかけにして、壮大な宇宙に想いを馳せてもらえれば幸いです。

宇宙は無限か有限か　目次

第2章 無限に続く宇宙とは

第1章

気が遠くなる大きさ

1・1 宇宙空間はどこまで続いているのか

陸地の果てと海の果て

私たちの身の回りにあって目に見えるものは、なんでも限りある大きさを持っている。一見して無限に大きいと思えるようなものがあったとしても、それは十分に大きいだけで、実際には有限の存在だ。

例えば、私たちが原始人であり、どこか海から離れた山の中に暮らしていたとしよう。自分たちの暮らしている場所から遠く離れた場所がどうなっているかを知らなければ、陸地はどこまでも続いているだろう、と考えたとしてもおかしくない。

だが、もちろん陸地は無限に続いているわけではない。ある方角へまっすぐ歩き続ければ、いずれは海に到達する。そこは陸地の果てだ。陸地の果てを発見することによって、自分たちのまわりの世界が有限の存在であることを知るのだ。

だが、すぐに今度は海がどこまで続いているのかという疑問が生じるだろう。陸地が有限の存在であるなら、海に果てがあってもおかしくないと思うだろうが、実際にそれを見てみるまではなんとも言い難い。昔は、海をずっと進んでいくと、その果てでは海水が滝のように落ちている、と考えられていたこともあったのだ。

実際には海も無限に続いているわけではなく、海をまっすぐ航海していけば、いずれ陸地に突き当たる。陸地と海でできた地上世界にはどこにも果てのようなものはなく、結局、地球は丸く閉じた球面だったのだ。それを知らなければ、地面はまっすぐに伸びていて無限の存在のようにも見えるが、実際には有限の存在だった。

宇宙空間の果てとは

このように、私たちの身の回りの世界だけを見ていると、最初はその世界が永遠に続いているように見えるかもしれない。だが、実際にはどこかで有限になっている。地球の場合、地面に果てはないが、まっすぐ進んでいくと元にいた場所に戻ってきてしまう。どこかに途切れた場所があるわけでもないのに、全体としては有限だ。

地球が丸いことを知っている現代人には、地面が無限に広がったものでないことは常識だ。だが、それによって昔の人の無知を笑うことはできない。地面を宇宙空間に置き換えてみるとどうだろう。現代人も昔の人と大して変わらないことに気がつく。宇宙空間が無限に広がっているのかどうかは、現代人にとって大きな謎にとどまっているからだ。

空間というのは、地面と違って具体的な物質ではない。空間は物体が動き回ることのできる場所であって、触ったり掴んだりすることのできない、いわば抽象的な存在だ。地球の地面が有限の存在だったからといって、空間も同じように有限の存在であるはずだと安易に言うことはできないのも事実だ。

私たちの身の回りにあるもので無限の大きさを持つものは存在しない。だが、空間の大きさだけは例外で、無限であるという可能性も否定できないのである。

無限のイメージ

無限というのは神秘的な存在だ。有限の存在である人間には、非常に大きいということと無限に大きいということの区別をつけることが難しい。無限と言われてイメージするのは、先が見えないほど遠くへ広がっている様子がせいぜいだ。

例えば、無限に長い棒、と言われてイメージするのは、先が見えないほど長く伸びた棒であろう。また無限に伸びた平面、と言われれば、図1－1のようなものをイメージする。

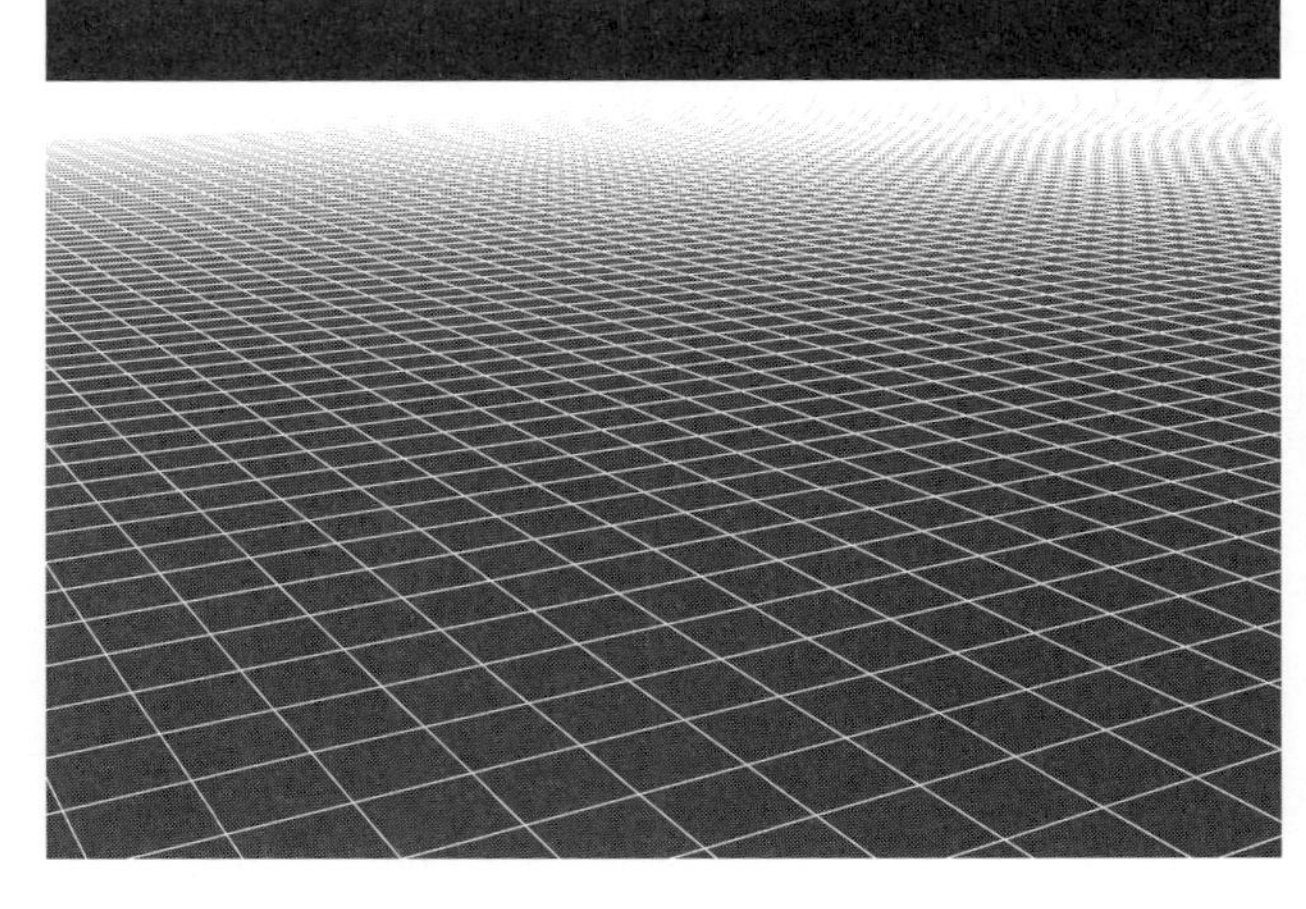

図1-1　無限に広がった平面のイメージ。

無限と言われると、そのすべてを把握することができなくなるので、先の方はもやもやしたイメージになってしまう。この場合、頭の中で把握できないほど向こう側がどうなっているのかは視界の外だ。それがどこかで途切れているかどうかは、見えている場所について考える限り、どちらでも大差ないことになる。

実践的にはそれでもまったく問題ない。私たちが無限という言葉を使うとき、それは大抵の場合、十分に大きいとか多いことを強調しているだけであって、それが本来の意味での無限であることはめったにないのだ。

読者も、無限という言葉を使うときのことを思い出してみると納得できるだろう。無限に歩き続けられるとか、無限に食べられるとか言ったりするかもしれないが、文字通りの無限なのではない。具体的な数字を言うことができずに面倒になって、無限という言葉を持ち出すのだ。それは単なる強調表現に過ぎない。

1・2　気が遠くなるほど大きな数

塵劫記と無量大数

無限という言葉を使うのは簡単だが、もしそれが文字通りの意味だとすると、大変なことを言っている。無限というのは、限りがないということであり、無限に大きな数を想像しろと言われても困る。それは具体的に想像できるどのような数でもないのである。

具体的に大きな数を考えることはいくらでもできるが、どんなに大きな数を持ち出してきても、それは無限に比べればゼロにも等しいほど小さい。読者の知っているもっとも大きな数はなんだろうか。具体的な数字で比較的よく聞くことのある大きなものと言えば、１００兆ぐらいがせいぜいかもしれない。円で表した日本の国家予算がだいたいそれくらいだ。

兆の1万倍の単位は京である。この単位が使われることもたまにはあるかもしれないが、その先の単位を聞くことはあまりないだろう。江戸時代に出版された塵劫記によると、その先は1万倍ごとに、垓、秭、穣、溝、澗、正、載、極、恒河沙、阿僧祇、那由他、不可思議、無量大数、と続く。

1万は1の後ろに0が4個続く数であり、1億は1の後ろに0が8個続く数である。同様にして数の単位が1つ上がるごとに0の数は4個ずつ増えていき、1無量大数は1の後ろに0が68個続く数である。つまり10の68乗だ。無量大数を数字の上で理解することはできるが、具体的なイメージとしては、容易に想像できるような数ではない。

華厳経と不可説不可説転

塵劫記における数の単位はここで終わっているが、仏典の華厳経には、これとは違う方式による非常に大きな数の単位が書かれている。そこでは、1000万のことを1倶胝と呼び、1倶胝を1倶胝倍した数、すなわち1倶胝の2乗を阿庾多と呼ぶ。すなわち、1阿庾多は10の14乗のことである。そして1阿庾多の2乗を那由他と呼ぶ。これは10の28乗のことだ。同様にして、2乗するごとに新しい単位が出現し、頻波羅、矜羯羅、阿伽羅、最勝、摩婆羅、阿婆羅、多婆羅、界分、普摩、禰摩、阿婆鈐、弥伽婆、毘攞伽、などと全部で１２３の単位が列挙されている。最後の方は、不可称、不可称転、不可思、不可思転、不可量、不可量転、不可説、不可説転、不可説不可説、不可説不可説転、となって終わる。

１つ単位が進むごとに2乗されていくので、この方式では急激に数が大きくなっていく。塵劫記の１無量大数（10の68乗）は、ここではほんの最初の方に対応し、１頻波羅（10の56乗）の１兆倍であり、１矜羯羅（10の１１２乗）より44桁も小さい。

最後の数である不可説不可説転に至っては、１の後ろに０が37澗２１８３溝８３８８穣１９７７秭６４４４垓４１３０京６５９７兆６８７８億４９６４万８１２８個も付く、とんでもない数になる。１の後ろに０が68個しかつかない無量大数などは、これに比べれば無きに等しいようなものだ。

華厳経の数字の単位は、もちろん実用的な目的で作られたものではない。観測可能な宇宙全体に存在する素粒子の数（おおざっぱに10の80乗個）でさえ、最初の方に出てくる矜羯羅よりもずっと小さいのだ。実用的な意味はないが、具体的な数としてこんなに大きな数も考えられる、ということを示したところに意味があり、仏の悟りの大きさを表すために考えられたものだという。

さらに大きな数、グーゴルプレックス

１不可説不可説転でさえも有限な数なので、それより大きい数を考えることも、もちろん可能だ。まず、10の１００乗のことを「グーゴル」と呼ぶ。そして、１の後ろに０を１グーゴル個つけた数、すなわち10の１グーゴル乗のことを、「グーゴルプレックス」と呼ぶ。アメリカの数学者であるエドワード・カスナーが自分の甥に、10の１００乗をなんと呼べばよいか尋ねてみたところ、グーゴルという名前が出てきたのだという。それと同時に、さらに大きな数として、グーゴルプレックスという数も考えたそうだ。

ちなみに、有名な検索エンジンである「グーグル」という名前は、この巨大数グーゴルが由来になっているという。グーグル本社の社屋はグーグルプレックスの愛称で呼ばれているが、これももちろんグーゴルプレックスをもじった名前である。

１グーゴルは矜羯羅よりずっと小さな数だが、１グーゴルプレックスは１不可説不可説転よりもはるかに大きな数だ。実際、１グーゴルプレックスは１の後ろにつく０の個数が１０１桁の数で表されるのに対し、１不可説不可説転は後ろにつく０の個数が38桁の数で表されるに過ぎない。１グーゴル自体が観測可能な宇宙の中にある素粒子の数をはるかに上回って

いるため、1グーゴル個の0を実際に紙に書くことはできない。つまり、もはや1グーゴルプレックスという数は、「1000…000」という形で省略なく書くことさえ、この宇宙の中では不可能なのだ。

いくらでも大きな数が考えられる

さらに1の後ろに1グーゴルプレックス個の0を続けて書いた数も考えられて、それを「グーゴルプレックスプレックス」と呼ぶ。さらに1の後ろにグーゴルプレックスプレックス個の0をつけて書いた数は「グーゴルプレックスプレックスプレックス」と呼ぶ。

同様に繰り返していくと、さらに何回もプレックスを繰り返した「グーゴルプレックスプレックス……プレックス」という数も考えられる。これをべき乗で表すと、10の100乗を10の肩に乗せた数をさらに10の肩に乗せて、さらにその数を10の肩に乗せて、ということを入れ子のように何度も繰り返したものになる（図1-2）。もはや名前は付いていないが、この繰り返しを1グーゴル回繰り返した数というものも考えられるだろう。それはもはやべき乗の形をいくら入れ子にして使っても紙に書き表すことすらできない、想像をはるかに絶する巨大な数となる。

$$\overbrace{1000\cdots00}^{\text{100個}}=10^{100}$$ ：グーゴル

$$\overbrace{1000\cdots00}^{\text{1グーゴル個}}=10^{10^{100}}$$ ：グーゴルプレックス

$$\overbrace{1000\cdots00}^{\text{1グーゴルプレックス個}}=10^{10^{10^{100}}}$$ ：グーゴルプレックスプレックス

⋮　⋮

$$10^{10^{10^{\cdot^{\cdot^{\cdot^{10^{100}}}}}}}$$ ：グーゴルプレックスプレックス…プレックス

$$10^{\overbrace{10^{10^{\cdot^{\cdot^{\cdot^{10^{100}}}}}}}^{\text{1グーゴル個}}}$$ ：グーゴル$\overbrace{\text{プレックスプレックス…プレックス}}^{\text{1グーゴル個}}$

$$10^{\overbrace{10^{10^{\cdot^{\cdot^{\cdot^{10^{100}}}}}}}^{\overbrace{\text{グーゴルプレックス…プレックス}}^{\text{1グーゴル個}}\text{個}}}$$ ：グーゴル$\overbrace{\text{プレックスプレックス…プレックス}}^{\text{1グーゴル}\overbrace{\text{プレックス…プレックス}}^{\text{1グーゴル個}}\text{個}}$

⋮　⋮

図1-2　巨大な数。

さらにまた、そうしてできた巨大数の回数だけ入れ子にして10の肩に乗せる操作を繰り返した数も考えられるし、さらにその数の回数だけ入れ子にして10の肩に乗せる、ということを何回も繰り返していくことすらできる。この繰り返しをさらに1グーゴル回続けた数や、そうしてできた数の回数だけその繰り返しを続けた数、なども考えられる。

もはやわけがわからないが、そうしたことをいくらでも続けて巨大な数を考えることができるのだ。だが、その操作が有限回にとどまっている限り、できた巨大な数も有限にとどまっている。

どんなに巨大な数を考えたとしても、所詮は有限な数である。無限に比べたら0に等しい。無限はどんなに気が遠くなるほど巨大な有限の数よりも、まだ大きいのだ。そう考えてみると、安易に無限という言葉を使うのは畏れ多い、という気持ちにもなってくる。

１・３　宇宙の地平線

近傍宇宙の距離感覚

宇宙の距離は光年を単位にして測ることが多い。１光年とは光が真空中を１年間かけて進む距離のことで、約９兆４６００億キロメートルに相当する。地球の直径１万３０００キロメートル弱と比べると、その長さは７億倍以上にもなる。私たちにとっては１光年とは途方もなく大きな距離だ。

私たちが日常生活で動き回れる距離感覚から言えば、１光年はあまりにも大きすぎて、無限と言いたくなるほどの感覚だ。だが、宇宙規模で考えるとそうではない。実際、天文学で扱うような距離感覚では、１光年は微小ともいえる小さな距離なのだ。

太陽の一番近くにある恒星プロキシマ・ケンタウリまでの距離が４・２光年ほどである。銀河系の中にある恒星間の平均的な距離もだいたいそれと同じくらいで、数光年ほどである。そして、数千億個の星が集まって天の川銀河を作っている。天の川銀河の直径は、約10万光年にもなる。

宇宙はさらにその先にまで広がっていて、近くにある比較的大きなアンドロメダ銀河は私たちのところから約２５０万光年の距離にある。さらにその先には非常に多くの銀河が存在していて、銀河の集団である銀河団や超銀河団という構造が広がっている。私たちから一番近くにある銀河団はおとめ座銀河団であるが、そこまでの距離は約５０００万光年もある。私たちの感覚からは信じられないような距離だが、宇宙全体からすればそれでもまだまだ小さいのだ。

どこまで遠くの銀河を見られるか

現代では、大きな望遠鏡を使うことによって、何億光年も先にある銀河を大量に観測することができる。平均的には遠くにある銀河ほど暗く見えてしまい、ずっと遠方にある銀河からは微弱な光しか届かない。だが、現在の観測技術をもってすれば、１００億光年以上も先にある銀河を調べることが可能だ。

もし観測技術が極限まで進み、どんなに微弱な銀河の光でも測定できるようになったら、私たちはどこまで宇宙を見通すことができるのだろうか。光の強さというものは、距離が２

倍になれば４分の１、３倍になれば９分の１、というように、距離の２乗に反比例して弱くなっていくのが私たちの常識だ。このため、遠くにある電球は暗く見える。

宇宙も同じようなものだとすると、星や銀河から届く光も、遠くにあるほど弱くなっていく。だが、いくら遠くの銀河から出た光でも、完全にゼロになることはないだろう。もしどんな微弱な光でも測定できる技術があれば、原理的にはどれほど遠くの銀河でも見ることができそうだ。だが、実際にはそうではない。

宇宙の地平線とは

私たちにとって光は、目にも留まらぬ速さだが、広大な宇宙の中で見るとそれはノロノロしたものだ。１光年進むのに1年もかかるのだ。さらにずっと遠い銀河からやってくる光は、かなりの過去からやってきた。宇宙には始まりがあり、それよりも過去の宇宙から光がやってくることはない。したがって、宇宙が始まってからいままでに光が到達できる距離よりも遠くの銀河を見ることはできない。

つまり、宇宙を遠くまで見通そうとしたとき、どう頑張っても見通すことのできない限界の距離というものがある。宇宙の年齢は１３８億年と見積もられているので、その距離は光が１３８億年かけて到達できる距離と同じだ。光の速さを超えて情報が伝わることはない。したがって、どう頑張ってもこの距離より遠くがどうなっているのかを知ることは、地球上にいる人間にとって無理な相談だ。

この限界の距離は、それより先を見通すことができないということから、宇宙の地平線と呼ばれている。地球上で地平線といえば、それより向こうを見通すことができない場所になっている。その類推から、宇宙でもそれより向こうを見通すことができないという場所のことを、宇宙の地平線と呼んでいるのだ。ちなみに、地球上での地平線は文字通り線であるが、宇宙の地平線は、地球から一定の半径を持つ球面のことになる。このため、宇宙の地平線と言わずに宇宙の地平面ということもある。

宇宙の地平線までの距離

宇宙の地平線は、光が地球へ向けて１３８億光年かかりようやく到達する距離だけ離れたところにあると言った。だが、この距離は現在の宇宙で１３８億光年というわけではない。その理由は、宇宙空間が膨張しているからだ。光が私たちのところへ向かって進んでくる間も宇宙の膨張が続いているため、光は空間を１３８億光年分しか進んでいなくても、光の通過した後の空間がそれよりも広がってしまっているのだ。このことを考慮すると、光が１３８億年前に地球へ向けて出発した場所は、現在の宇宙で見て約４７０億光年離れたところにある計算になる。[*1]

１３８億光年で４７０億光年離れたところにあるというと、宇宙の膨張が光速度を超えていておかしいと思うかもしれない。だが、宇宙空間の膨張の速さについては、光速度を超えてはいけないという規則が適用されない。

空間中にある物体については確かに光速度が速度制限になっている。だが、空間というのは物体とは違う。庶民に適用される光速度という速度制限を超越しているのだ。よく考えてみるとわかるように、宇宙空間が一様に膨張すれば、必然的に距離に比例して遠ざかる速さが増える。十分に遠方の宇宙を考えれば、いずれは必ず光速度を超える。そうでなければつじつまが合わないことがわかるだろう。

ただ、光速を超える速さで遠ざかる空間の中にある物体から出た光は、観測することができ

＊１　宇宙が始まってから最初の37万年間は光がまっすぐ進めないため、実際に光を使って見ることのできる宇宙の範囲は半径４５５億光年ほどになる。

きない。現在見えているのは、まだ光速を超えていない頃の過去に出発した光なのだ。したがって、実際に超光速で遠ざかる物体を見ることはできない。

こうして、宇宙の地平線までの距離は約４７０億光年となる。それより向こう側の宇宙がどうなっているのかを、現在の私たちは知り得ない。つまり、４７０億光年が観測可能な宇宙の果てとなる。

宇宙の地平線は本当の宇宙の果てではない

だが、この観測可能な宇宙の果ては本当の果てとは言い難い。それは現在の私たちにとっての果てではあるが、時間とともに少しずつ見える範囲は広がっていくので、未来になればこの果ては現在よりも遠くなる。ということは、現在の宇宙で果てのように見える宇宙の地平線より向こう側にも、すでに空間が広がっていると考えるのが妥当だ。時間が経つにつれて、そのような場所も徐々に見えるようになっていく。

こうして、宇宙の地平線で宇宙が終わっているのではなく、さらに宇宙はその外側にも広がっていると考えられる。その先がどうなっているのかを直接的に観測することはできないので、理論的に推測するしかない。ここに至って、宇宙が無限に続いているのか、それとも有限に途切れたり閉じたりしているのか、という疑問が極まる。

無知をさらけ出しているだけ？

見えないところはよくわからない、だからもう面倒なので無限にしてしまえ、という気持ちになってもおかしくないが、無限の本当の意味を考えれば、そう簡単な話で済まされるものでもないと思えるだろう。宇宙の地平線までの距離である４７０億光年という数など、たかが10の10乗のレベルである。１グーゴル光年より90桁も小さい。そして無限の前には、１グーゴル光年など無きに等しいのだ。

宇宙が無限に続いているとすると、地平線の内側、すなわち私たちに観測可能な宇宙の範囲は、宇宙全体の中ではゼロにも等しい小ささである。そんな場所で観測されたちっぽけな宇宙の性質が、無限の宇宙全体に広がっているのだろうか。

無限の本当の意味を考えれば、少し考えづらくなってくるかもしれない。むしろ、宇宙を無限かもしれない、と思うのは、単に無知をさらけ出しているだけではないかという気もしてくるのだ。

第2章

無限に続く宇宙とは

2・1 ——天の世界における恒星の位置

エウドクソスの天動説

なぜ私たちは、宇宙が無限かもしれない、と思うのだろうか。その理由のひとつには、私たちのいる場所が宇宙の中で特別な場所なのではない、という事実がある。もし、私たちのいる場所が宇宙の中心ならば、遠くへ行くほど私たちのいる場所とは違った様子をしていると期待される。

実際、大地が不動の存在だとする天動説では、天の世界は地球を中心にして動いていると考えられていた。紀元前4世紀ごろ、古代ギリシャのエウドクソスの唱えた天動説では、地球が宇宙の真ん中に静止していて、そのまわりに入れ子状になった宇宙を想定している（図2－1）。

エウドクソスの天動説では、地球を共通の中心として、半径の異なった27個の天球を考える。一番外側の恒星天球には多数の恒星が張り付いていて、1日に1回転している。それよ

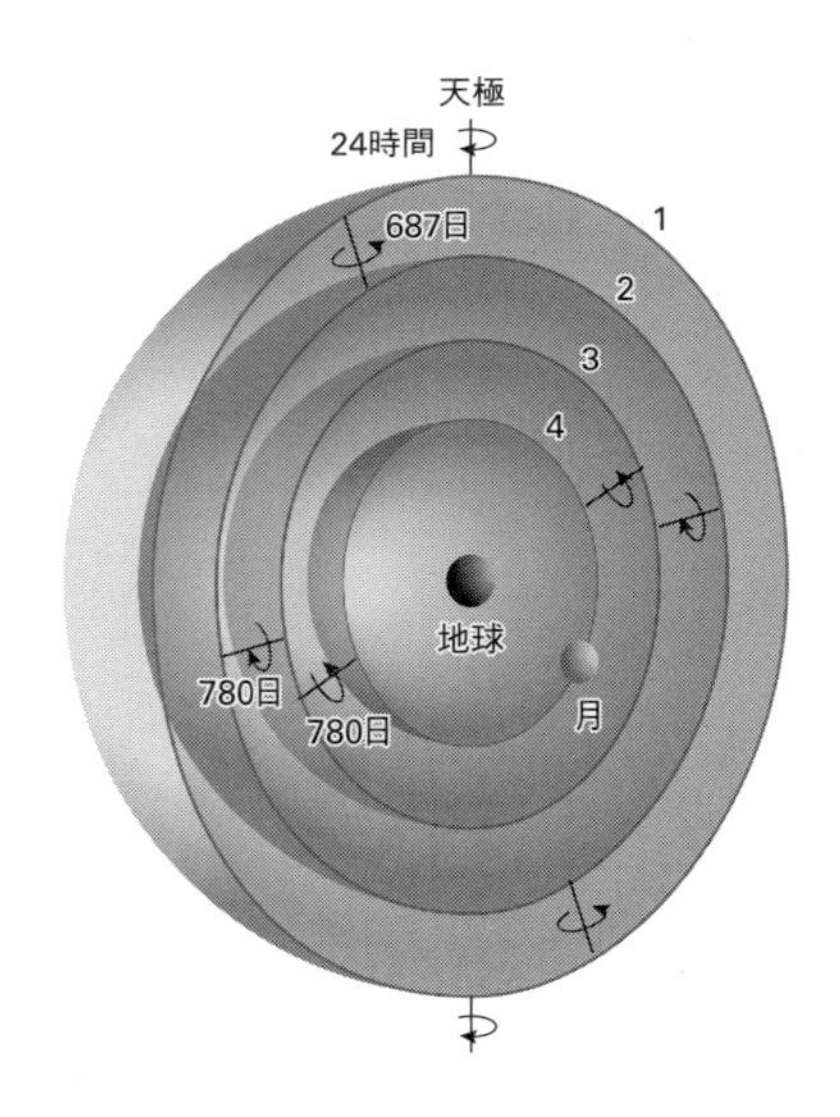

図2-1　入れ子状になったエウドクソスの天動説。簡単のため、恒星天球と火星の運動に関係する同心天球だけを図示している。

り内側の天球は隣り合う球面と回転できる軸でつながっていて、惑星や太陽を動かす役割を果たしている。

プトレマイオスの体系

その後天動説は、２世紀ごろに活躍した古代ローマのプトレマイオスによって、精緻な体系にまとめあげられ、とても正確な理論となった。図２－２（44ページ）はその概念図である。この体系では、周転円や従円、離心円やエカントといった複雑な機構を導入する。そして、円の組み合わせだけで惑星の運動を精密に表すことができたのだ。プトレマイ

図2-2　プトレマイオス的な天動説を表す図。
© Wikimedia

オスの体系でも、宇宙の一番外側には恒星天という球面が想定された。

プトレマイオスの体系が複雑なのは、惑星の運動を正確に表す必要があったためだ。だが、一番外側にある恒星天に複雑なところは何もない。単に地球を中心にして1日に1周するだけのものだ。それより外側に何があるのかは知り得なかった。そこが私たちの住む宇宙の果てであり、その外側は神と天使の世界だと考えられたりした。

地動説における恒星天

地球ではなく太陽が宇宙の中心であるとする地動説は、古代ギリシャ時代にもアリスタルコスによってすでに唱えられていた。だが、この説が広まることはなく、中世ヨーロッパ世界ではプトレマイオスの天動説が権威的な理論として受け入れられた。だが、16世紀のヨーロッパで、ニコラウス・コペルニクスが地動説を唱えた。彼の死の年である１５４３年にその詳細が出版されたが、宗教的な理由によって当初は容易に受け入れられなかった。だが、徐々にその長所が認識されていった。

コペルニクスの体系も、惑星運動を説明するやり方が天動説と異なるだけで、恒星天については特に何も言っていない。地動説が言うように、地球が不動のものではなくて太陽のまわりを回っているのなら、恒星の見かけの方向が1年ごとに変わってもよさそうなものだ。だが、そういう動きは知られていなかった。コペルニクスの体系において、このことは弱点のひとつだった。その弱点を避けるには、恒星天までの距離が十分に遠いと考える必要がある。

2・2 無限に広がった宇宙という考え方

星々までの距離

コペルニクスの地動説をイギリスに紹介した天文学者であるトーマス・ディッグスは、恒星が恒星天に張り付いているものとは考えなかった。その代わり、夜空に広がる多くの星々は太陽から十分に離れたところにあり、その距離は星によってまちまちなのだと述べた（図2－3）。そして、宇宙は無限に広がっていると主張したのである。

一方、コペルニクスが地動説を唱えるよりも前に、ドイツの枢機卿で哲学者のニコラウス・クザーヌスは、宇宙が無限に広がったものであり、宇宙に中心と呼べる場所はないのだと考えた。コペルニクスの死後に生まれた修道士で哲学者のジョルダノ・ブルーノは、地動説を熱狂的に支持し、さらにクザーヌスの著書などにも影響されて、彼の考えに基づく宇宙像をヨーロッパ中に広めて歩いた。

ブルーノは、恒星天に張り付いているように見える星々も、太陽と同じような天体である

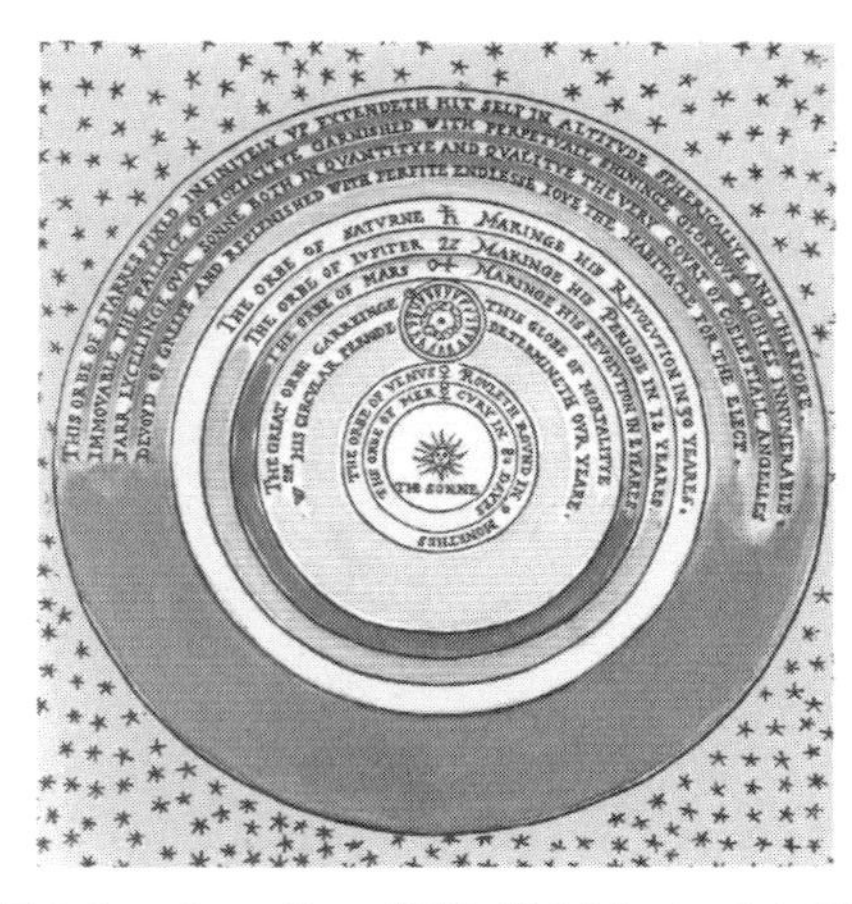

図２-３　ディッグスの著書に載せられている宇宙像。
© Wikimedia

と考えた。さらには、それらのまわりに惑星が周回する太陽系と同じようなものがあり、そこには人が住んでいるかもしれないとまで考えた。

クザーヌスやブルーノの宇宙像は、哲学的な思索に基づいたものであり、科学的な根拠から導かれたものではない。後世から見ると彼らには正しいところも多かったが、当時のキリスト教会にとっては容認しがたいものであった。

よく知られているように、ブルーノはカトリック教会により裁判にかけられて異端判決を受け、１６００年に火刑に処せられてしまった。ちなみにそのずっと後、１９７９年になってカトリック教会はこの処刑が不当なものであったと公式に認め、異端判決を取り消している。

2・3――地動説の確立

地動説は徐々に確立していった

その後、ティコ・ブラーエが遺した膨大な観測データを受け継ぎ、それを分析したヨハネス・ケプラーは、地動説に基づいて惑星が楕円運動をしていることを発見し、その結果を1609年に発表した。ケプラー以前には、地動説でも惑星の運動を円運動の組み合わせで説明していたため、依然としてその中には周転円が使われていた。ケプラーは惑星運動を楕円に置き換えることで、周転円を葬り去ったのである。ケプラーの発見により、地動説はとても説得力を持つようになり、ようやく天動説よりも優位に立つことになったと言える。

また、ガリレオ・ガリレイによって望遠鏡を使った天体観測が始められると、宇宙に関する知識は飛躍的に大きく広がった。特に、ガリレオが木星のまわりに衛星を発見したことは、円運動の中心が地球だけでない、ということを示すものであった。それは地動説の証拠とまでは言えないが、かなり有利な根拠となる。

地動説を認めなかった当時のカトリック教会によって、ガリレオが有罪判決を受けたことは有名な話だ。カトリック教会は１９９２年になってこの裁判の誤りを公式に認めている。

その後、ニュートンが万有引力の法則について述べた著書「プリンキピア」を１６８７年に出版した。これにより、ケプラーの見つけた惑星運動に関する法則が、基本的な物理法則によって説明できるようになった。このようにして、地動説は長い時間をかけて徐々に受け入れられていったのである。

光行差の発見

地動説を証明するには、直接的な証拠が必要である。地球が1年で太陽のまわりを1周するならば、視点が1年ごとに変化するため視差が生じる。恒星までの距離によって、その位置が1年周期で動いて見えるはずだ。これを年周視差という。恒星があまりに遠方にあれば、年周視差は小さくて検出できないかもしれない。だが、地動説が正しければ、精密な測定によってそれが見つかるに違いない、と考えられた。

イギリスの天文学者、ジェームズ・ブラッドリーは１７２５年、年周視差を測定するべく、

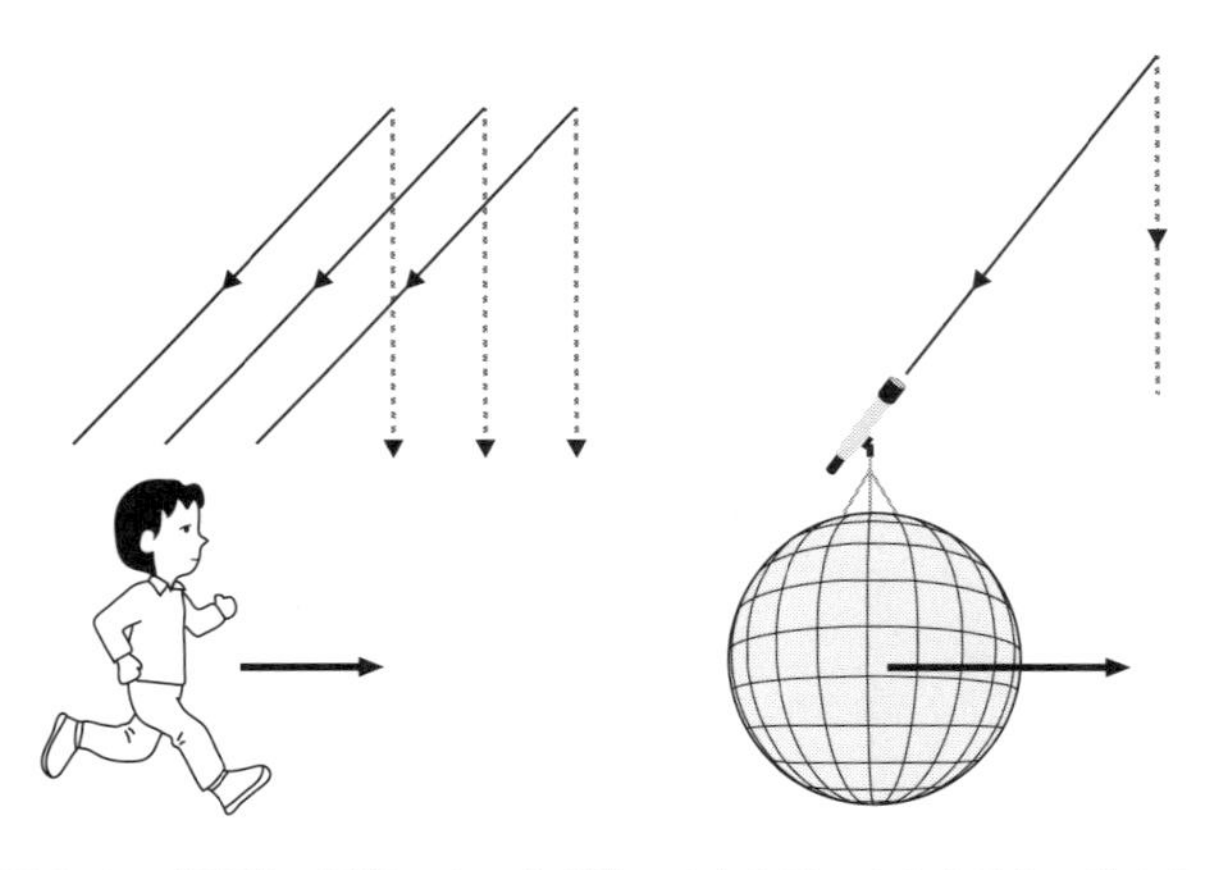

図2-4　光行差の原理。まっすぐ降ってくる雨の中を走ると、前方から雨が降ってくるように見える。同様に、地球の運動によって天体からの光の方向がずれて見える。

りゅう座ガンマ星という恒星の観測を始めた。この星はロンドンの天頂を通るので、年周視差を測定するのに都合がよかったのである。

その結果、残念ながら年周視差は測定できなかったものの、その代わりに光行差と呼ばれる現象を1728年に発見した。光行差とは、光の速さが有限であることにより起きる現象である。ちょうど、まっすぐ降ってくる雨の中を前に走ると、前方から雨が降ってくるように見えるのと同じで、地球が動いていることによって星の光のやってくる方向が本来の方向からずれる（図2－4）。

この光行差の発見は、地球が宇宙空間で動いていることの証拠になる。年周視差は見つからなかったが、その代わりに期せずして地動説を裏付ける別の現象が発見されたのだ。

年周視差の初測定

光行差を測定することによって光の速さが推定できる。だが、光行差で恒星までの距離はわからない。一方、年周視差を測定できれば、３角測量の原理によって恒星までの距離が推定できる。このため、実際に年周視差を測定することが天文学者の大きな目標となり、観測競争が繰り広げられた。

最初に確実な年周視差を見つけたのは、ドイツの数学者で天文学者のフリードリヒ・ヴィルヘルム・ベッセルである。数学の分野では、ベッセル関数にその名前が残っている。ベッセルが初めて年周視差を測定したのは、光行差の発見から１００年以上も経った１８３８年のことだった。彼ははくちょう座61番星という恒星の精密観測により、０・32秒角という小さな角度変化を検出した。この角度はとても小さい。１秒角とは１度の３６００分の１のことだ。０・32秒角は、２キロメートル先にある粒子が３ミリメートルだけ動いたときの角度変化にほぼ等しいくらいである。

この年周視差により、はくちょう座61番星までの距離を見積もると約11光年になる。その距離は太陽・地球間の約70万倍もある。またほとんど時を同じくして、こと座アルファ星（ベガとして知られる星）とケンタウルス座アルファ星の年周視差も測定された。これらはそれぞれ、約25光年と約４光年の距離に位置していた。こうして長年にわたり測定できなかった太陽以外の恒星までの距離が、ようやく測定できるようになったのだ。その距離は、太陽や惑星までの距離に比べてあまりに大きかった。また、恒星がまちまちな距離にあることも明らかになったのだ。

2・4　オルバースのパラドックス

ニュートンの無限宇宙

こうして、広い宇宙空間にはたくさんの星がばらまかれていることがわかった。年周視差の発見の２００年以上前に火刑に処せられたブルーノや、コペルニクスの地動説をイギリスに紹介したディッグスは、この点に関して正しかったのだ。ブルーノやディッグスは星の広がる宇宙空間が無限に続いていると考えていた。

年周視差が測定されるよりもずっと前のことだが、ニュートンは自分の発見した万有引力の法則に基づいて、星が無限の空間にばらまかれているべきだと考えた。万有引力の法則によれば、星々はお互いに引き合う。このことから、星が自然にどこか一ヶ所に集まってしまうのではないか、という疑問がすぐに浮かんでくる。

もしも星のばらまかれている範囲が限られていたら、確かにそうなるだろう。力学の法則によれば、星々は平均的に重心と呼ばれる場所へ向かって力を受ける。重心とは、重さに関する中心のことである。最初にすべての星々を静止した状態にしておいても、この力を受けることで、すべての星が重心に向かって動き出すだろう。

だが、当時は星々が動いているという証拠もなく、また宇宙は永遠不変のものであるというのが常識であった。星が動かずに止まっているなら、重心があってはならないことになる。星のばらまかれている範囲が有限であれば、重心がどこかに必ず存在する。一方、もし無限に宇宙が広ければ、空間のどの場所も平等になってしまうので、重心を定めようがなくなる。こうして、星々が無限の宇宙空間に静止しているだろうと考えたのである。

神の摂理なのか

だが、このような無限に広がった星の配置は不安定だ。星々が無限に広がっているとき、ある一つの星はどちらの方向へも無限の力で引っ張られる。星が止まっていられるのは、反対方向から引っ張られる力がすべて打ち消し合うためだが、この場合には無限の力と無限の力が打ち消し合う必要がある。

だが、どこかでその均衡が破れ、ちょっとでもその打ち消し合いが崩れると、星に力が働いて動き出す。そして、どこかで星が動き出すと、その星の動いた方向に星の数が増えていく。星の数が増えた場所では重力が強くなり、ますます他の星が集まってくる。こうして一気に星のある場所とない場所の違いが際立ってしまうことになる。

つまり、ニュートンの考えたような無限に広がった宇宙は可能だが、極めて微妙なバランスの上にしか成り立たないものなのだ。ニュートン自身もこのことに気づいていたが、その理由を合理的に説明することはできなかった。そして、最終的にこの宇宙が微妙なバランスを保っているのは、神の摂理なのだと述べるにとどまっている。

夜空はなぜ暗いか

このようにして、無限に広がった宇宙の可能性が考えられるようになった。だが、もし星々が無限の空間に均等にばらまかれているとすると、ひとつの矛盾のようなものが生じる。それは、そのように無限に続く空間を見ると、どの方向へ目を向けたとしても視線の先には必ず星が見えて、夜空全体が明るく輝くだろうということだ。だが、実際の夜空は暗い。

無限に続く宇宙では夜空全体が星の光で輝いているはずということは、次のようにしてわかる。遠方になるほど、ひとつの星から出る光は暗く見えるが、遠方には星がたくさんある。ひとつの星から出る光の強さは距離の2乗に反比例して弱くなっていく。一方、奥行き方向に決まった厚みを持つ体積を考えると、その中に入っている星の数は、視線に垂直な面の面積に比例するので、距離の2乗に比例して増えていく。星の光が弱くなる効果と、星の数が増える効果は打ち消し合う。このため、近くにある星々からやってくる光のエネルギーも、遠くの星々からやってくる光のエネルギーも、空の決まった領域を見たときにそう変わらないことになるのだ（図2－5、56ページ）。

ここで、もし星の光を無限の彼方まで見通せるならば、夜空の明るさは無限に明るくなる。

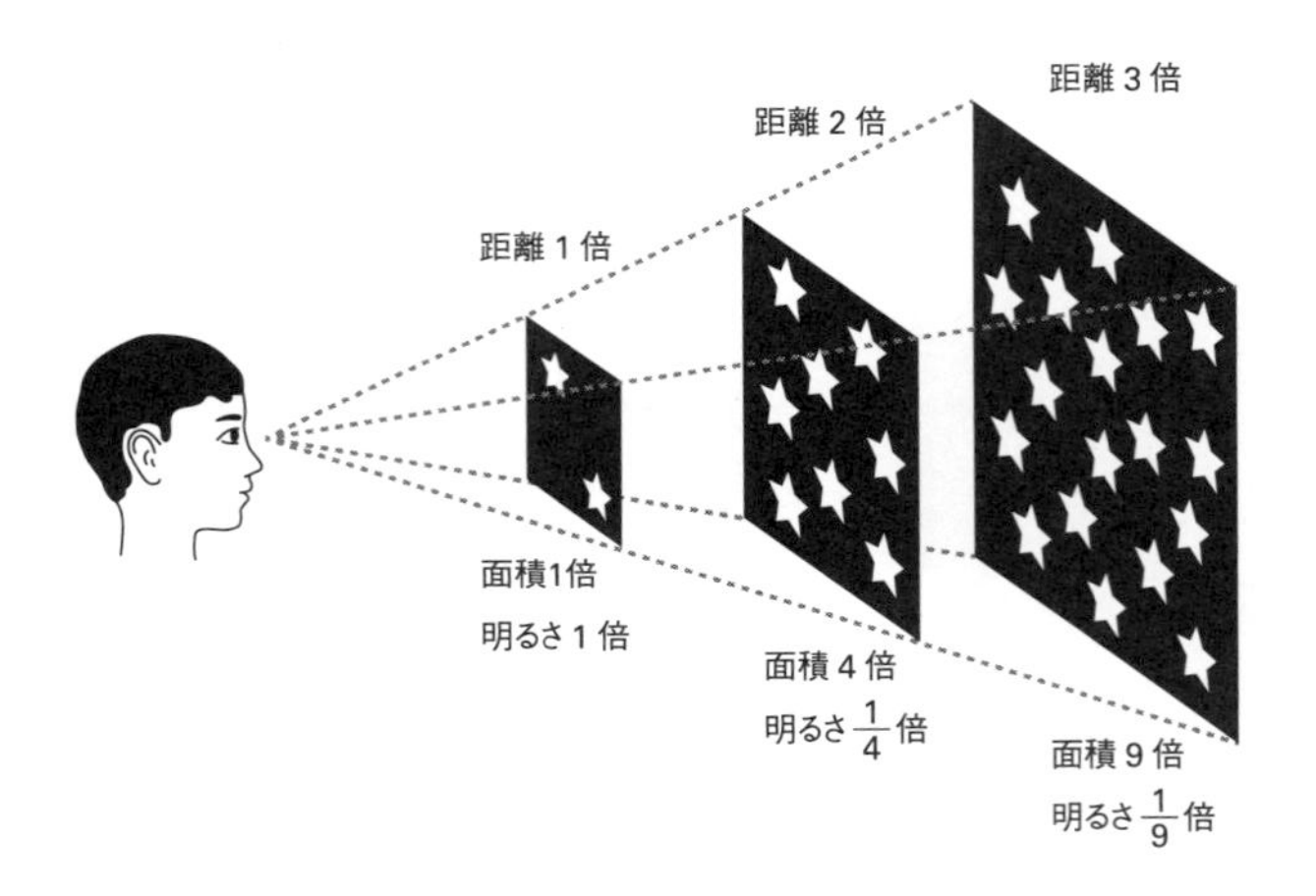

図2-5　オルバースのパラドックスの説明図。

実際には手前にある星が後ろにある星を隠すので、無限の彼方までは見通せず、夜空の明るさは有限になるはずだ。結局、視線の先が必ずどこかにある星の表面にぶち当たるため、夜空全体が星の表面と同じ明るさで輝くはずなのである。

この問題は、天文学者ハインリヒ・オルバースによって1823年に述べられているため、「オルバースのパラドックス」と呼ばれている。だが、オルバースはこの問題に最初に気づいた人ではない。それは以前から知られていた問題だった。

オルバースはパラドックスに気づいた最初の人ではない

コペルニクスの地動説をもとにして、星が無限に続く空間にばらまかれていると主張したディッグスは、すでにこの問題を考察している。ただ、ディッグスは単に星が遠くにあって十分に暗いので夜空が明るく輝くことはないのだと誤って考えた。星の光が暗くなっても星の数が増えるので両者の効果が打ち消し合うことには考えが及ばなかった。

また、ケプラーもこの問題に気づき、星々が太陽と同じような星ならば、それらすべての星の光を合わせても夜空が暗く見えるのはなぜだろうか、と考察している。ケプラーの場合は、星々が無限の彼方まで続いているとは考えていなかったため、単に星の数が全天を覆うほどには存在していないのだと考えた。

さらに、ハレー彗星の軌道計算をしてこの彗星の名前の由来ともなったことで有名なエドモンド・ハレーは、ニュートンの考えた無限に続く宇宙を支持して、この問題について考えている。ただし、彼の場合は遠方にある星の数の見積もりをするところで誤りを犯し、間違って遠方の星は十分に増えないので夜空が暗いのだという結論を出してしまった。

オルバースのパラドックスをはっきりとした形で示したのは、スイスの天文学者、ジャン

＝フィリップ・ロワ・ド・シェゾーである。１７４４年に出版した著作の中で、彼はオルバースのパラドックスの内容をはっきりと示している。

オルバースがパラドックスの内容を論じたのは、シェゾーより約80年も後、１８２３年のことである。オルバースはハレーの議論について述べているが、シェゾーの著作については触れていない。オルバースはシェゾーの著作を蔵書として持っていたため、シェゾーの議論を知っていたと考えられるのだが、なぜシェゾーに触れなかったのかはよくわかっていない。

２・５ パラドックスの前提条件

どこまで遠くの星を見通せれば夜空は明るく輝くのか

オルバースのパラドックスにおいて、遠くまで見通せば見通すほど星が空を覆う割合が増えていく。ある程度遠くまで見ると、空がすべて星で埋め尽くされてしまい、それ以上遠くを見ることができなくなる。その距離とはどれくらいであろうか。宇宙空間の広大さに比べると、星の大きさはかなり小さい。このため、空が星で覆われるまでには、かなりの距離を見通す必要があるのだ。その距離を大まかに見積もってみよう。

だいたい平均的に見ると10光年の範囲には10個ぐらいの星がある。そこで、1辺が10光年の立方体の中に10個の星があるとして、星の数密度を10個／1000立方光年と見積もっておこう。そして、例えば、地球からの距離が100光年から110光年の範囲にある星を考える。この範囲にある星の数は、体積に数密度をかけて計算することにより、大まかに1万個ほどになる。

一方、簡単のためにすべての星が太陽と同じようなものだとすると、星の半径は70万キロメートルほどであり、それを横から見た面積は1・5兆平方キロメートルほどだ。これを100光年ほどの距離から見たとき、1万個の星が空を覆う割合は、1万個の星の面積を半径100光年の球面の面積で割って計算することにより、だいたい1000兆分の1くらいになる。

距離が100光年でなくても、厚さが10光年の範囲であれば、そこにある星が空を覆う割合は一緒になる。なぜなら、距離が2倍になれば星の数は面積に比例して4倍になるが、その分ひとつの星が空を覆う割合は4分の1になるからである。したがって、10光年遠くまで見通すごとに、星の覆う空の割合が1000兆分の1ずつ増えていく。

この考察により、星が空を覆い尽くすまでには、大まかに10光年を１０００兆倍した距離、すなわち、１京光年ほど先にある星まで見通すことが必要だ。

光が途中で吸収されているのか

これほど遠くの宇宙を見通すことができるのだろうか。シェゾーとオルバースは、そんなに遠くまで宇宙は見通せないと考えた。宇宙は透明ではなく、遠方の星の光が途中の空間でなにか物質に吸収されるから、夜空が明るく輝かないのだと考えたのだ。

この議論は一見して正しそうに見えるが、現代的な観点から見ると成り立たない。なぜなら、星の光が物質に吸収されるのなら、その物質はエネルギーを吸収する一方だ。一時的に吸収するだけならともかく、いくらでもエネルギーを吸収することはできない。宇宙が無限の過去から存在しているなら、無限の時間にわたって吸収し続けなければならないが、そのようなことは不可能なのだ。いずれは吸収するエネルギーと放出するエネルギーが釣り合った状態になる。

星間空間にある物質が星の光を吸収すると、その物質は温められて温度が高くなる。一般に物質というものは、すべて温度に応じて電波や光などの電磁波を放射するという性質がある。星からの光を吸収する物質は、星の温度と同じになるまで温められることになり、最終的には吸収するエネルギーと放射するエネルギーが釣り合った状態に落ち着くのである。

こうして、宇宙が無限の過去から同じ状態で存在しているならば、星間にある物質が星の光を実質的に吸収することはできなくなる。

時間的にも十分に長く存在する必要

オルバースのパラドックスが成立するためには、星が十分に遠くまで広がっていることと同時に、時間的にも十分に長く存在していることが必要である。なぜなら、光には速さがあるので、遠方にある星から出た光が私たちに届くまでに時間がかかるからだ。

もし、光が無限に速ければ、どんなに遠くにある星からの光も一瞬にして私たちのところへ届く。この場合には、星が十分に遠方まで広がっているとオルバースのパラドックスが成立して、夜空は明るく輝くはずだ。

そのためには、前述のように、星々の世界が１京光年ぐらいまで先に広がっている必要がある。実際には星は銀河系の中に存在していて、銀河系の外にはほとんど星がない。だが、そのことでオルバースのパラドックスが解決されるわけではない。なぜなら、宇宙には銀河が無数に存在するからだ。先ほどの見積もりよりも星の数密度は少なくなるが、やはり同様の議論が成り立つのである。

その結果、オルバースのパラドックスが成立するためには、1京光年よりもはるかに遠くの星まで見通す必要がある。宇宙膨張を無視すると、1京光年先にある星を見るためには、1京年前にその星が存在していなければならない。宇宙膨張を考慮に入れたとしても、その結論は同じようなものである。

宇宙に始まりがあることで説明できる

現代的な宇宙論では、宇宙は無限の昔から存在しているわけではないことがわかっている。よく知られているように、宇宙には138億年前に起きたビッグバンという始まりがあり、星ができたのはそれよりも後のことだ。138億年というのは私たちにとっては十分に長いが、1京年に比べれば、ほんの一瞬だとも言える。

したがって、光の速さが有限であることと、宇宙に始まりがあるという2つのことにより、空が星で覆い尽くされるのに必要なほど遠くまで見通すことができないのである。見通すことができない先に星や空間が広がっていても、私たちには感知できない。

こうして、オルバースのパラドックスは宇宙が無限の過去から存在していないという理由で説明できる。夜空が暗いからといって、宇宙空間が無限に続いている可能性を否定するものではないのである。

第3章

時空間は曲がっている

3・1 時間と空間は絶対的なものではない

そもそも空間とは

ニュートンの万有引力の発見によって、宇宙にも地球上と同じ物理法則が働いていることが明らかになった。それは宇宙というのが私たちの生活している空間から連続的につながった存在であり、宇宙空間というのが私たちのまわりの空間となんら変わりのないものであることを意味する。

私たちのまわりの空間は、まっすぐどこまでも続いているように見える。陸地や海はどこかで必ず途切れているが、空間そのものがどこかで途切れているなどということは、少なくとも地球上ではあり得ない。

地球上で経験できる空間がどこまでもまっすぐ続いているという経験と、宇宙空間も地球上の空間となんら変わりはないという知識により、宇宙がまっすぐどこまでも続いているのではないか、という感覚が生まれる。

だが、宇宙空間というのは私たちが経験できる世界の広さよりもはるかに大きい。そこで私たちの限られた経験に基づく常識が通用するとは限らない。実際、時間や空間というものが、私たちが直感的に思うようなものではないことが明らかになっているのだ。

宇宙が無限に続いているのかという素朴な疑問は、空間とはどういうものなのか、ということと無関係ではない。そこで、現代的な物理学において、空間とはどのようなものだと考えられているのかを見ていくことにしよう。

光は真空中を伝わる特殊な波

ニュートンが作り上げた力学の体系では、時間と空間は人間の直感通りに、まっすぐどこまでも伸びたものと考えられた。世界で起きる物事は、背後に静かに横たわった時間と空間の中で進行する。時間と空間は世界を観察する人間とは無関係に存在していて、誰にとっても共通の時間や空間があると考えられた。

だが、このニュートンが考えたような時間と空間のとらえ方は、私たちのまわりで近似的に成り立っているに過ぎない。そのとらえ方は必ずしも正確なものではないことが、20世紀の初め頃に明らかになったのだ。それが天才物理学者として有名なアルバート・アインシュタインによる、相対性理論の発見である。

相対性理論は、光の速さが有限であることと密接な関係にある。光は波の一種だが、私たちがよく知っている他の波と異なるところは、何もないはずの真空中を伝わることができるという点だ。

光以外で私たちに馴染みのある波は、波を伝える物質がないと伝わらない。水面を伝わる波は、水がなければ伝わらない。空気中を伝わる音は、空気の濃淡が波として伝わるものであり、空気がなければ音は聴こえない。

ところが、光に関しては物質の存在しない真空中であっても伝わる。宇宙空間はほぼ真空に近いが、太陽の光はもちろん、それよりはるかかなたにある星の光も宇宙空間を伝わってくる。光というのは空間に物質がなくても伝わるという特殊な波なのだ。

光の波の速さは誰が測っても同じ

さて、光の速さが有限であることが相対性理論と密接な関係があると言った。ここで、波の速さというものについて考えてみよう。

一般に速さというものは基準を決めないと定まらない。通常の波がある方向へ進んでいるとすると、その波を追いかけながら観察するか、波の進行方向と逆方向へ動きながら観察するかで、見かけ上の波の速さは変化する。波が進むのと同じ速さで同じ方向へ動きながら観察すれば、その波は止まって見えるだろう。

物質を介して伝わる通常の波の場合、波の速さとは、その波を伝える物質に対して止まっている人から見た速さのことである。つまり、波の速さを決めるのに、波を伝える物質がその速さの基準となっている。

ところが、光は物質がなくても空間中を伝わる。その波の速さとは何に対する速さなのだろう。この場合は波を伝える物質がないので、それは速さの基準に使えない。すると、速さの基準になるのは、光の速さを測っている人しかいない。

ここで問題になるのは、同じ光の速さを測る人が２人いたとして、その２人がお互いに動いている場合だ。常識的には、お互いに動いている２人が測れば、それぞれの測った速さは異なると考えられる。進行方向へ追いかけながら測れば遅くなるだろうし、進行方向とは逆向きに進みながら測れば速くなるだろう。

だが、実際にはどちらの人にも光は同じ速さで進んでいるように見えるのだ。前述のように、光の速さには基準となる物質がなく、測っている人間しか基準になるものがない。このため、誰が測っても同じ速さにならざるを得ない。このことは、いかにも常識に反しているが、実際に実験してもちゃんとそうなっているのだから驚く。

時間と空間は測る人によって変化する

どう動きながら測っても光の速さが変わらないという奇妙な事実を説明するには、時間と空間の性質に立ち戻って考え直さなければならない。時間と空間は誰にとっても共通のものという常識を棄てる必要があったのだ。このステップを踏み出したのがアインシュタインであり、それが相対性理論の発見につながった。

相対性理論によれば、お互いに動いている人にとって時間と空間は共通のものではない。ある出来事を見たとき、それがいつどこで起きたのかを共通の時間と空間で語ることができなくなってしまうのだ。

もし、誰にとっても共通の時間と空間があるのなら、光を追いかけながら走ると、そうでない場合に比べて光の速さは遅くなる。だが、光を追いかけながら走ることで、時間や空間の尺度が変化するのであれば、光の速さは必ずしも遅くなる必要はない。むしろ、光の速さが変わらないように時間や空間の尺度が変化してつじつまが合っているのだ。

時間と空間は相対的なもの

この結果、ある止まった人から見て、動いている人の時間は相対的に遅く進むように見え、さらに、長さは進行方向に短くなって見える。2人の人がお互いに動いていれば、どちらの人も自分が止まっていて、もう1人の人が動いていることになるから、どちらの人にとっても、相手の時間が遅くなって長さが短くなるように見える。

また、離れたところで起きた2つの出来事が同時かどうかということも、測る人によって違って見える。ある人にとっては同時に見えても、その人に対して動いている人にとっては同時ではない、ということが起きる。

この場合、どちらが正しいのかということは言えない。時間や空間は相対的なもので、誰が測ったかによって異なるものだからだ。お互いに相手の時間が遅く見えたり、同時かそうでないかが違っていたりすることは、矛盾ではないのだ。

時間と空間は一体化したもの

だが、相対性理論の効果が顕著に効いてくるのは、お互いに光の速さに匹敵するような高速で動いた場合に限られる。私たちは光の速さに比べてとても遅い速さでしか移動できないため、ほとんど相対性理論の効果を実感することができない。相対性理論の効果が効かなければ、近似的に時間と空間は誰にとっても共通のものと考えても、実際上は支障がない。

相対性理論が常識に反するように見えるのは、私たちが光の速さよりずっと遅い速さでしか動けないためであり、私たちの常識がそのような限られた世界で作られたものだからだ。動きが遅ければ相対性理論の効果がほとんど効かないとはいえ、それも程度問題である。原理的にはどんなに遅く動いていても、わずかに時間や空間がずれるのだ。相対性理論が正しいことは精密な実験などによって現代では十分に確かめられている。

ニュートン的な見方では、時間と空間は独立している。時間の流れは何ものにも左右されず、世界全体で共通の時間が静かに流れていく。時間軸と空間軸は独立したものであり、ある意味で時間軸は誰にとっても同じ方向を向いている。

一方、相対性理論では時間と空間は独立したものではない。お互いに動いている人にとって、ある意味で時間軸が異なる方向を向いている。お互いに運動する人の間では、時間軸と空間軸が混ざり合ってしまうのだ。もはや時間と空間を独立した別々のものと考えることはできない。時間と空間が一体化した「時空間」として捉える必要がある。

３・２　私たちに馴染み深いユークリッド幾何学

まっすぐ伸びた時空間

ここまで、お互いに動いている人にとって時間と空間は共通のものではないことを説明してきた。このことは、いわゆる「特殊相対性理論」と呼ばれる理論の性質である。特殊相対性理論では、時間や空間がまっすぐ無限に伸びたものというニュートン的な時空間の特徴はそのまま残っている。

ここで、時空間がまっすぐ伸びたもの、という意味について考えてみよう。時間や空間というのは、それ自体を直接的に観察できるようなものではなく、その中にものを置いたり動かしたりして、間接的に調べることしかできない。ここで簡単のためにひとまず時間は忘れて、まっすぐ伸びた空間について考えてみよう。

空間がまっすぐ伸びていれば、その中にいつでも直線を描くことができるはずだ。２本の直線を平行に描き続けると、どこまで行っても交わらず、またその間の距離はどこまで行っても同じに保たれる。

このようなことは当然であって、直感的に明らかだと思うだろう。だがそれは、空間がまっすぐ無限に伸びたもの、という先入観を私たちが持っているからなのだ。私たちは自分の経験に基づいて物事を判断している。

平行線がどこまで行っても決して交わらず、同じ距離を保ち続けることを確かめるには、無限に伸びた平行線を調べなければならない。だが、そのようなことは不可能だ。あくまで、有限の範囲で描かれた平行線の性質から類推しているに過ぎない。実際の空間で平行線を2つの方向へそのまま伸ばしていったときに、無限のかなたで何が起きるのかを実際に確かめた人はいないのである。

ユークリッド幾何学

高校までに習う幾何学は、ユークリッド幾何学を基礎としている。ユークリッド幾何学とは、紀元前3世紀ごろのエジプトの数学者ユークリッドが編纂したと言われている数学書、「ユークリッド原論」にまとめられている幾何学の体系だ。このユークリッド幾何学は、古代ギリシャの時代から2000年以上にわたり幾何学の常識であった。

ユークリッド幾何学は、まっすぐ伸びた空間という私たちの直感に合うように作られている。３角形の内角の和が１８０度になるとか、直角３角形の辺について成り立つピタゴラスの定理（三平方の定理）とか、読者にとって馴染み深い幾何学の定理は、このユークリッド幾何学によって導かれる。

ユークリッド幾何学はもともと平面上に描かれた図形に対する幾何学で、５つの前提条件から成り立っている。ユークリッド原論においては、それらの前提条件が公準という名前で呼ばれているが、それは現代の数学で公理と呼ばれるものと同じ意味である。本書でも、公準という言葉は使わず、公理と呼ぶことにしよう。

数学における公理とは、論理展開におけるすべての前提として仮定される事柄で、その後の結論はすべてそこから導き出される。ユークリッドの５つの公理とは次のようなものである。

1. 任意の2点を結ぶまっすぐな線分を引くことができる。
2. 任意のまっすぐな線分は、無限に伸びた直線に延長することができる。
3. 任意のまっすぐな線分を半径とし、その線分の端のひとつを中心とした円が描ける。

4．すべての直角はお互いに等しい。

5．2つの直線が3番目の直線と交わり、3番目の直線に対して同じ側の内角の和が2直角よりも小さいならば、最初の2つの直線を十分に伸ばしたときにそれらはその同じ側で必ず交わる。

最後の公理は少しわかりにくいので、説明図を図3－1に示した。第1から第4の公理はとても簡単でわかりやすいと言えるが、この第5公理は説明も長いし、他の公理とは少し異質なものだと感じられるだろう。

ユークリッド第5公理の問題

実際に、ユークリッド以後の数学者の中には、この第5公理を他の4つの公理から導き出せるのではないかと考えたものもいた。もしそれが可能ならば、この異質な公理を前提条件として仮定する必要がなくなるので都合がよい。だが、そうした試みはことごとく失敗したのである。

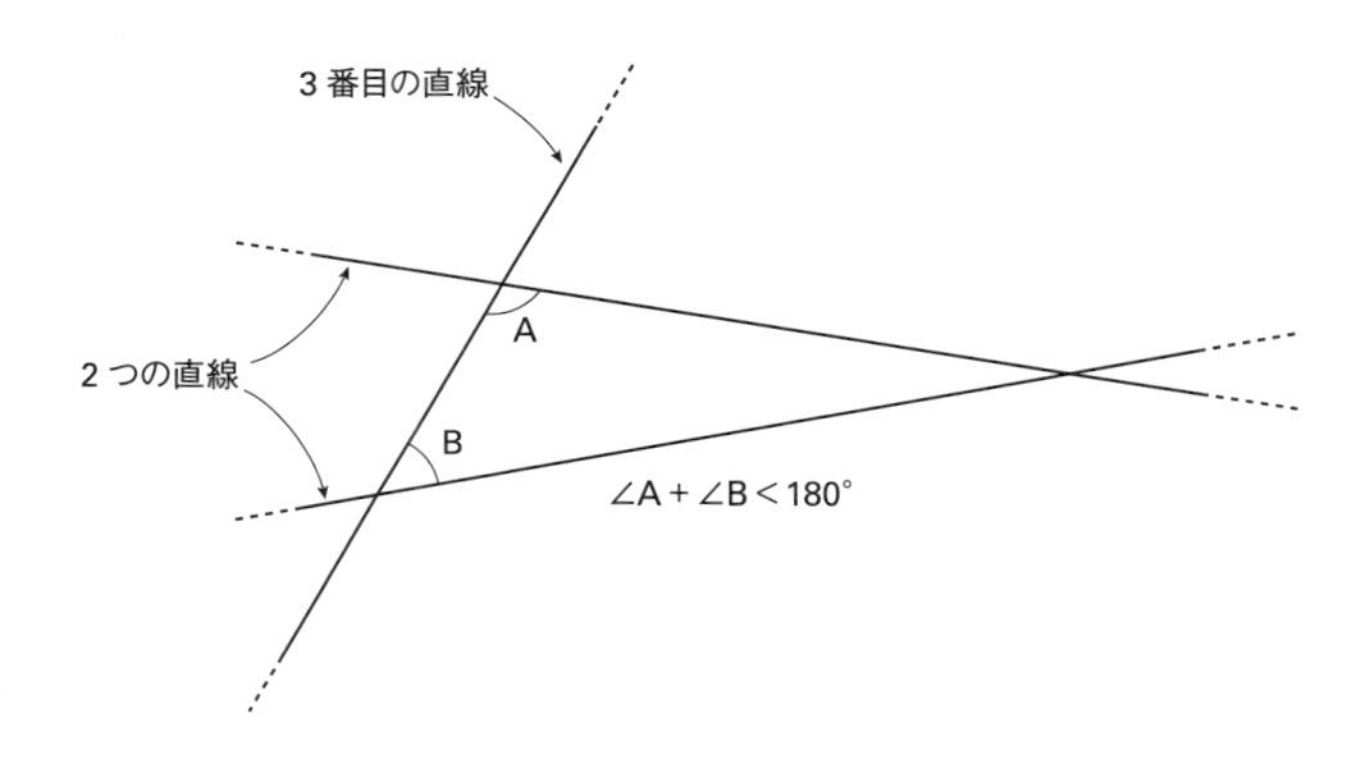

図３-１　ユークリッド幾何学における第５公理の説明図。

もし第５公理が他の公理から導かれるのなら、第５公理が成り立たないと仮定したときに、他の公理との間に矛盾が生じるはずだ。ここで矛盾が生じるならば、背理法という論理によって、他の４つの公理から第５公理が証明されたことになる。

だが、数学者たちの多大な努力にもかかわらず、第５公理が成り立たないとしたところで、そこに何の矛盾も見つけることができなかった。それどころか、第５公理が成り立たないような前提条件を積極的に採用すると、ユークリッド幾何学とは別の新しい幾何学を作り上げることすら可能であることがわかってきたのである。

3・3　非ユークリッド幾何学の発見

第5公理が成り立たないと

ユークリッドの第5公理は、他の4つの公理が成り立つ場合に、次の平行線公理と呼ばれるものに言い換えられることが知られている。

> （平行線公理）
> 任意の直線とその直線上にない点があるとき、その点を通って最初の直線と決して交わらない別の直線がひとつだけ存在する。

つまり、第5公理をこの平行線公理に置き換えても、ユークリッド幾何学はそのまま成り立つ。図3－2は平行線公理の説明図である。ここで描かれる2本の直線は、私たちがよく

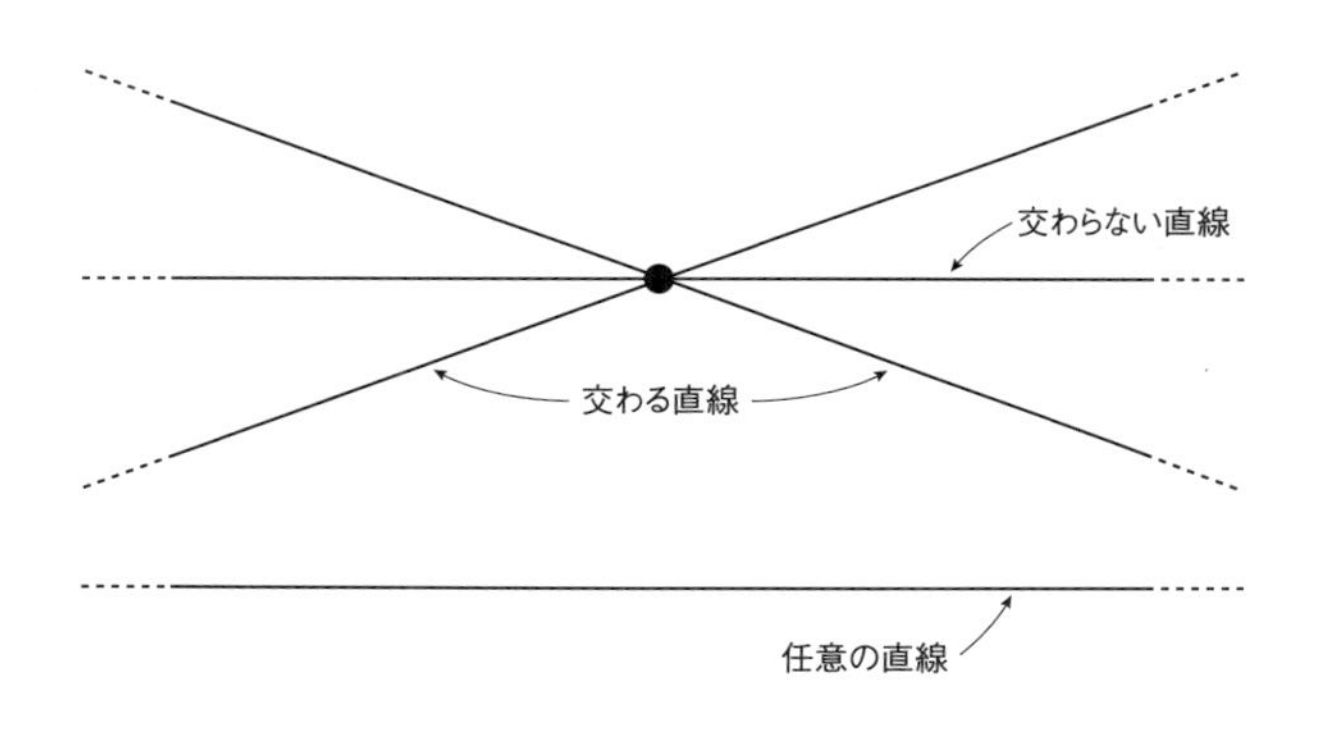

図３-２　ユークリッド幾何学における平行線公理の説明図。

知っている平行線になっていることがわかるだろう。

ユークリッドによる最初の４つの公理を仮定すると、平行線公理が成り立たなければ第５公理も成り立たたず、逆に、第５公理が成り立たなければ平行線公理も成り立たない。したがって、第５公理が成り立たないような幾何学を考えることは、平行線公理の成り立たない幾何学を考えることと同じだ。

さて、ユークリッドの第５公理が成り立たない別の幾何学を作り上げることができると言った。それはつまり、平行線公理が成り立たない幾何学と言い換えることができる。そのような幾何学としては、２種類のものが考えられる。平行線公理では最初の直線と決して交わらない直線がひとつだけ存在するということだから、これが成り立たないとすると、交わらない直線がひとつもない場合と、2本以上存在する場合が考えられる。これら2つの場合に作り上げられる幾何学は、それぞれ楕円幾何学および双曲幾何学と呼ばれている。どちらもユークリッド幾何学とは異なる、非ユークリッド幾何学となっている。

球面上の幾何学

非ユークリッド幾何学は、まっすぐ伸びた平面上の図形としては直感に合わないが、曲がった平面上の幾何学と考えるとわかりやすい。実際、非ユークリッド幾何学のひとつである楕円幾何学の具体例として、球面上に描かれた図形がある（図3－3）。

球面は曲がっているので、球面上から飛び出ることなしに本当にまっすぐの直線を描くことはできない。球面上でできるだけまっすぐになるように描かれた線は、球面に描いた大円のことになる。

大円とは、球を真っ二つに分けたときにできる球面上の線のことだ。地球でいえば、南極と北極を通る経度線や、赤道上を通る緯度0の線が大円の例である。地球上で2つの場所をもっとも短い距離で行こうとすると、この大円に沿った経路を進むことになる。

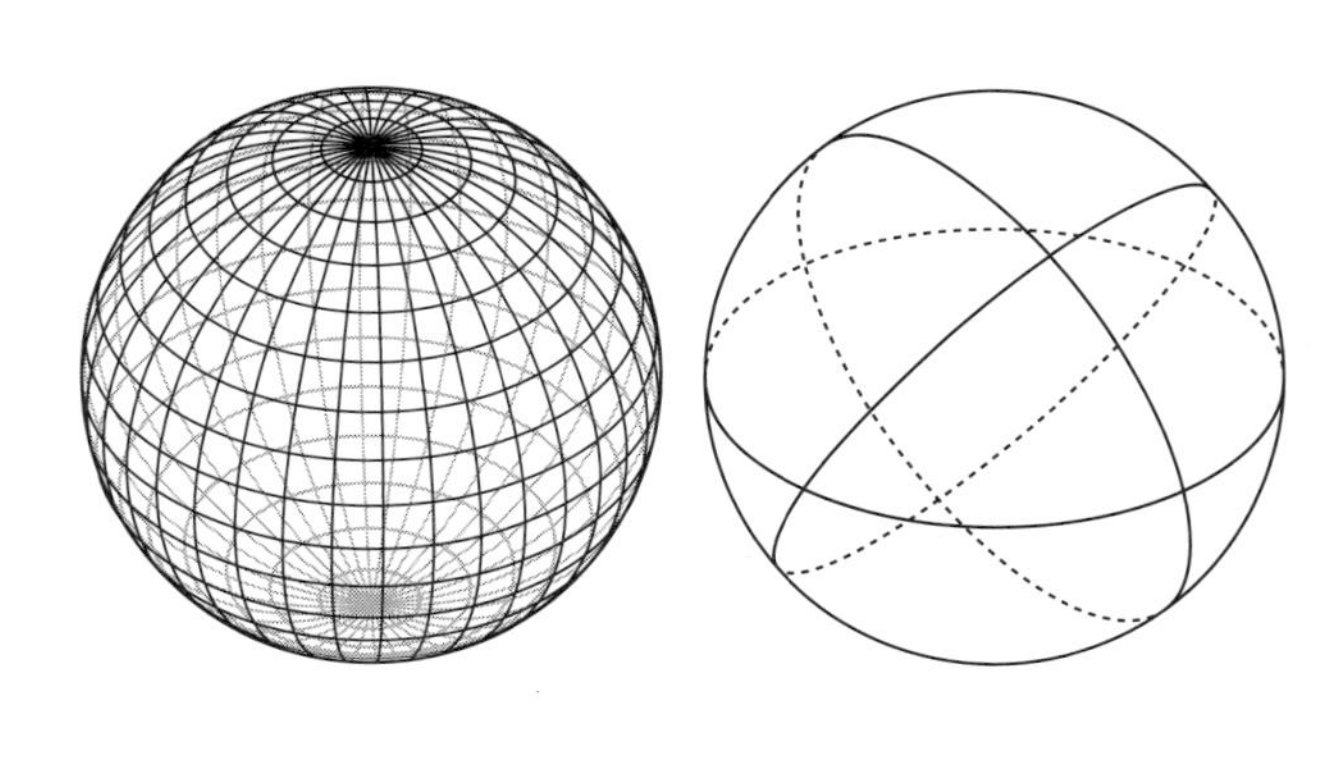

図３-３　球面上に描かれる図形。

赤道上でできる限り平行に描いた２本の「直線」の例は、２つの異なる経度線だ。だが、これらの「直線」は北極と南極で必ず交わってしまう。同様に、球面上に勝手な場所を考えて、そこから伸びる２つの大円をできるだけ平行に配置しようとしても、そこから球面上を90度移動したところで必ずそれらは交わってしまう。

つまり、どこまでも交わらない平行線というのは球面上に存在しないのだ。したがって、球面上の大円をこの幾何学における「直線」とみなすとき、球面上の幾何学は楕円幾何学のようになっている。ただし、球面上の幾何学の場合は直線の長さが必ず有限に閉じているので、ユークリッドの第５公理以外も少し変更する必要がある。

球面上に描いた3角形の内角の和

また、まっすぐな平面上に描いた3角形の内角の和は、必ず180度になる、という定理がある。一方、球面上に描いた3角形の内角の和は必ず180度よりも大きい。例えば、地球上で赤道上にある2点と北極を頂点とする3角形を考えてみよう。

この3角形の頂点のうち、赤道上にある頂点の内角はどちらも90度であるから、その2つの内角の和だけで180度になっている。これに北極上の頂点の内角が加わるから、この3角形の内角の和は180度より大きい。

同様にして、球面上に描いた線分（大円の一部）を3つ使って描いた3角形の内角の和は、常に180度より大きくなる。このことは、平行線公理で交わらない別の直線がひとつもないと変更した楕円幾何学においては、必ず成り立つことが証明できる性質なのである。

無限に伸びたラッパ状の曲面

球面上の幾何学は楕円幾何学の性質を持つことがわかったが、それでは双曲幾何学の性質を

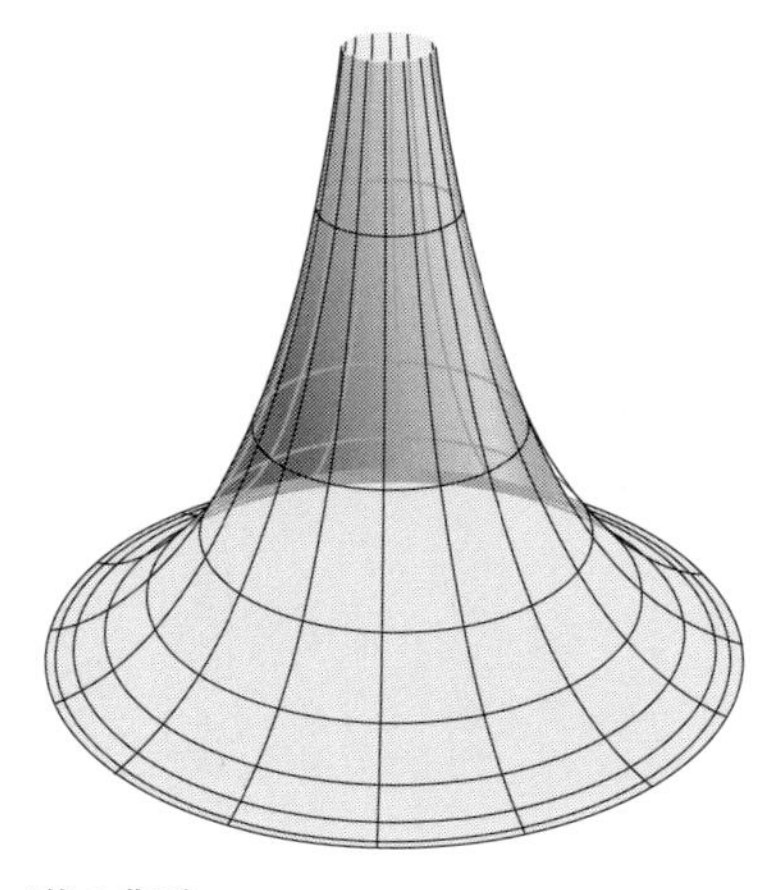

図3-4　ラッパ状の曲面。

持つような曲面はなんだろうか。双曲幾何学では、平行線公理において元の直線と交わらない直線が少なくとも2本以上あるのだった。

そうした面の例としては、無限に伸びたラッパ状の曲面がある（図３－４）。このような曲面上では、平行線公理を満たさないような直線がいくつも描けるのだ。また、この曲面に描いた3角形の内角の和は、必ず１８０度よりも小さくなる。この曲面上では、２つの「直線」が交わろうと近づくときに、少し離れようとする性質がある。このため、必然的に頂点がとんがって角度が小さくなってしまう。３角形の内角の和が１８０度よりも小さいという性質は、双曲幾何学について必ず成り立つ性質である。

3・4　非ユークリッド幾何学の性質

空間が足りなかったり余ったり

非ユークリッド幾何学の直感的な意味をもう少し考えてみよう。そのために、ある点を中心にして描いた円を考える。ユークリッド幾何学では、円周の長さは直径に円周率をかけて得られる。

だが、この性質はユークリッド幾何学に特徴的なもので、非ユークリッド幾何学では一般に成り立たない。楕円幾何学の場合は、同じ直径でも円周の長さが直径に円周率をかけた値よりも短くなり、双曲幾何学では逆にそれよりも長くなる。

これを言い換えると、楕円幾何学の成り立つ空間というのは、点のまわりにある空間の量がユークリッド空間に比べて足りなくなった状態と捉えることができる。逆に双曲幾何学では点のまわりの空間が余っている状態だ。

ある半径を持つユークリッド幾何学の円を思い浮かべると、それは真っ平らな円盤の形を

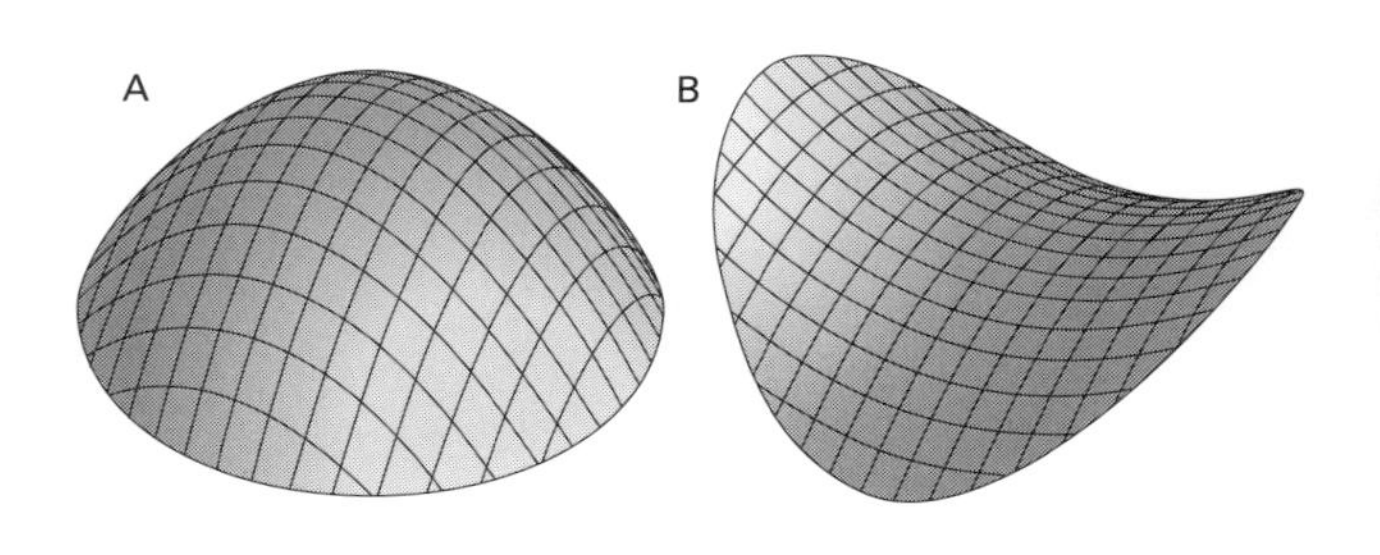

図3-5　楕円幾何学ではある点のまわりの空間が「足りなくなって」いて、双曲幾何学では「余って」いる。

している。楕円幾何学では円周が真っ平らな円盤の円周よりも短いのだったから、半径をそのままにして円周だけ短くすることを考えよう。そんなことは元の円盤のある平面の中では不可能で、無理に縮めようとすると行き場を失い、その円盤はぽっこりと反り返ってしまうだろう（図3－5A）。その反り返った円盤の形は球面の一部のようになる。このため、楕円幾何学は球面上の幾何学と同じ性質を持っているのだ。

一方、双曲幾何学の場合は円周の長さがユークリッド幾何学におけるものよりも長い。先ほど考えた円盤の円周を無理に伸ばそうとすると、やはり行き場を失ってその円盤は反り返ってしまうだろう。その反り返り方は先ほどとは逆で、ラッパ表面の一部、もしくは馬の鞍のような形になる（図3－5B）。

必ずしも可視化できるとは限らない

このように、非ユークリッド幾何学というのは具体的に曲がった曲面の幾何学と捉えることも可能だ。私たちは3次元の空間をよく知っているので、3次元空間の中にある曲がった曲面をイメージできる。その曲面上に描いた図形がユークリッド幾何学に従わないことを理解することも難しくない。

だが、非ユークリッド幾何学の成り立つ2次元空間は、必ずしも3次元空間の中で曲がった曲面として表される必要はない。数学的には3次元空間の中で表すことができずに、4次元空間中でしか表されない曲面や、さらには4次元空間の中でも表すことができずに、もっと高次元空間でしか表されない曲面というのも考えられる。

つまり、非ユークリッド幾何学が成り立つ2次元空間というのは、必ずしも3次元や4次元などの空間の中で表される2次元面である必要はない、ということだ。ここは少し抽象的な思考が求められるが、3次元や、それより高次元の空間を考えずとも、2次元空間そのものだけで非ユークリッド幾何学に従う空間になっていると考える必要がある。3次元空間の中にある曲がった曲面、というのは、視覚的に理解するためのひとつの方法でしかないのだ。

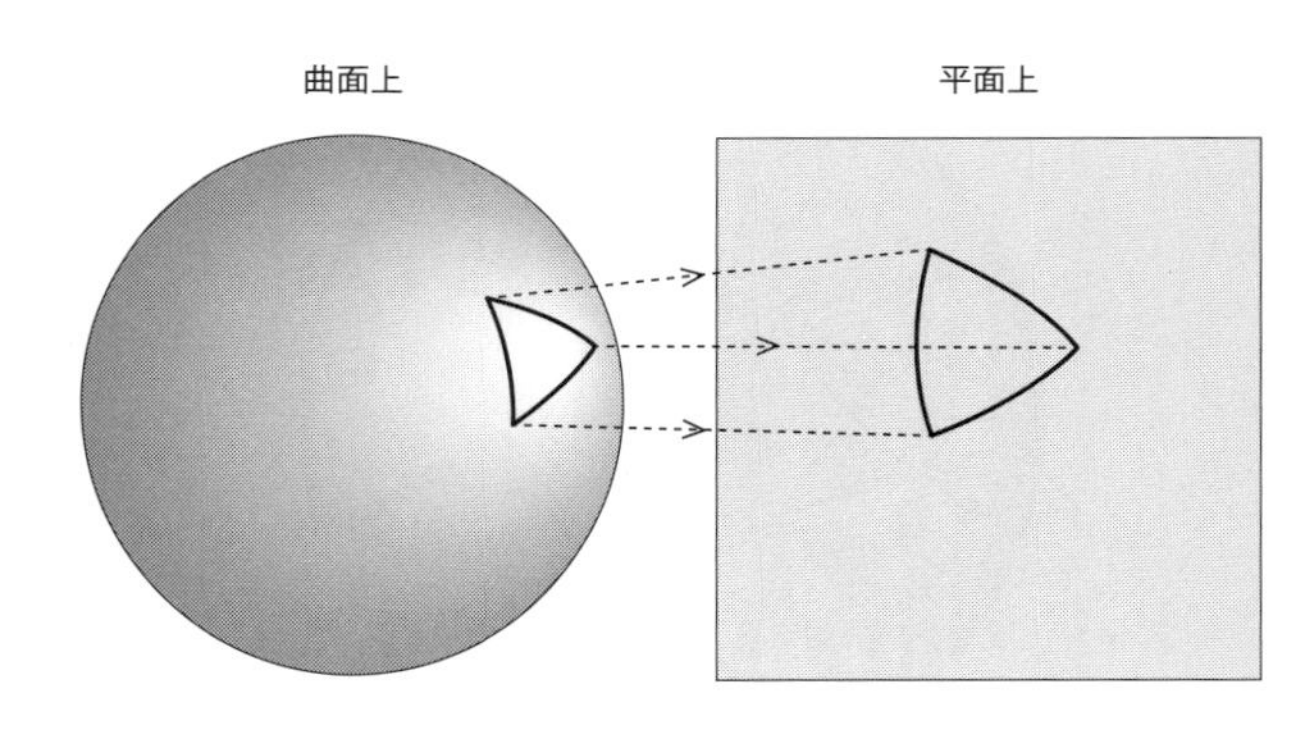

図３-６　射影の説明図。

双曲幾何学を平面上に射影する

非ユークリッド幾何学を視覚的に理解するのには、３次元空間中の曲面を考える方法の他に、平面上に射影して表すという方法もある。射影とはどういうことかというと、非ユークリッド幾何学の成り立つ面上にあるすべての点を、平らな平面上にある点に対応させるのである。

このとき、連続する線は必ず連続する線に対応するようにする。この操作のことを面から面への「射影」という。この操作をすると、一般に元の面に描かれた図形の形は保たれず、射影された平面上には形が歪められて写される（図３－６）。

例えば、図３－７（88ページ）は双曲幾何学の成り立つ面を平面上に射影したものである。この図に

図3-7　双曲幾何学の成り立つ面を平面上に射影した図。

現れている線は、すべて元の面では直線に対応する。平面上へ射影することで、もともと直線だったものが曲線になって見えてしまうのだ。また、この図に描かれている3角形はすべて元の面では同じ面積と形をしたものだ。射影の操作により平面上では円周へ近づくにつれて3角形の形は歪んで大きさが小さくなっている。

また、円周上では3角形の数が無限個になる。これは、無限に広がった元の面を、平面上の円の内部という有限の領域に射影したことによる。元の空間を中心からまっすぐにずっと進んでいくと、射影された平面上では円周部にどんどん近づいていく。

だが、決して円周部に到達することはない。この円周部は、元の空間では無限に遠い場所に相当するのだ。これはちょうど、図１－１（25ページ）のように無限に広がったものを有限の範囲に描くことができるのに似ている。

３・５――時空間の曲がりと重力の関係

実際の宇宙空間もユークリッド幾何学からずれていた

非ユークリッド幾何学というのは、数学的に考えられた抽象的な幾何学であり、最初はそれが実際の宇宙空間と関係しているとは思われていなかった。確かに、私たちのまわりの空間ではユークリッド幾何学がよく成り立っているように見える。

だが、実はそれも近似的なことだったのだ。ユークリッド幾何学からのずれが極めてわずかなものであれば、私たちは空間がまっすぐだと思ってしまう。実際、精密な測定をすると、平行線といえども遠くへ行くとわずかに近づいたり遠ざかったりすることが明らかになっている。

このことを理論的に明らかにしたのもアインシュタインである。驚くべきことに、空間がユークリッド幾何学からずれていることは、重力の正体と関係していた。アインシュタインは、重力の正体を暴き出そうとする研究の過程で、空間に描いた図形が単純なユークリッド幾何学に従わず、空間がいわば曲がっている可能性に突き当たったのである。

特殊相対性理論によると、空間は時間と独立ではなく、時空間という一体化した存在であることを説明した。したがって、空間がまっすぐでないということは、時間もまっすぐではないことを意味する。空間が曲がっているならば、時空間そのものが曲がっていなければならない。この時空間の曲がりが重力の正体だとする理論が、アインシュタインの「一般相対性理論」だ。

時空間の曲がりが重力の正体

アインシュタインは特殊相対性理論を作り上げた後、10年以上の歳月を費やしてこの一般相対性理論を完成させた。一般相対性理論は、その名前の通り、特殊相対性理論を一般化した理論であって、特殊相対性理論の上に成り立っている。

時空間の曲がりが重力の正体であるとは、どういうことだろうか。読者は、重力がニュートンの万有引力の法則で説明できると習ったと思う。万有引力の法則では、２つの物体の間に直接引力が働くと考えられていた。だが、一般相対性理論によると、その力は直接物体間に働くものではなく、時空間の曲がりを通じて働く力だというのだ。

どういうことかというと、何か重い物体があれば、その付近の時空間が曲がる。そして曲がった時空間の中に他の物体があると、それは止まったままではいられず自然と動き出そうとするように見える。物体が自然と動き出そうとするということは、力が働いているのと同じことだ。直接力が働いていないのに、曲がった時空間のせいで力が働いているように見える。それが重力の正体だというのだ。

曲がった空間でまっすぐ進もうとしても軌道が曲がる

曲がった時空間が重力を生み出すという状況を直感的に理解するため、曲がった曲面上にボールを転がす例がよく持ち出される。図3－8（92ページ）のような様子を思い浮かべるとよい。中心に重い星があり、そのまわりの平面が星によってへこみ、曲面になっている様子だ。

中心の重い星のまわりを軽い星が回っているが、この軽い星は曲面をできるだけまっすぐに進もうとする。だが、面が曲がっているため、まっすぐ進んでいるつもりでも軌道が曲が

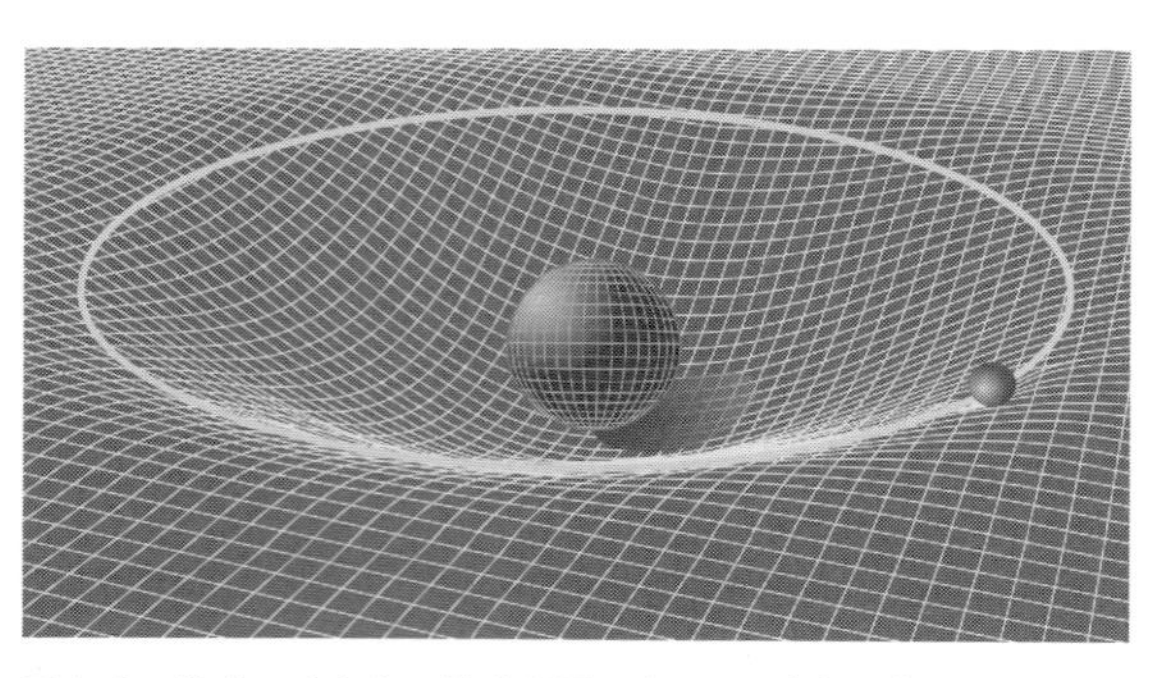

図3-8　物体のまわりの時空が歪められて、重力が生み出される。

り、結果的に重い星のまわりを回ることになる。
これは重力によって重い星に引っ張られているのと同じ効果である。また、回転していなければ自然と中心の星へ落ちてしまう。実際には空間だけでなく時空間が曲がっているのであって、これほど単純ではないが、このような説明は時空間の曲がりが重力を生じることとの直感的な理解に役立つ。

重力は消し去ることができる

一般相対性理論の大きな特徴は、重力という力を、時空間の性質として説明したところにある。アインシュタイン以前には、重力は物体同士に直接働く力だとされて、ニュートンの万有引力の法則で理解されていたのだ。だが、一般相対性理論によるとそうではない。万有引力は、時空間が歪むことによって現れる、ある意味で見かけ上の力だというのである。

重力が見かけ上の力だという意味は、重力をいつでも消し去ることができるということである。例えば地球上で物体が空気抵抗を受けずに自由に落下している場合を考えてみよう。地球上に静止している人にとって、この物体は重力を受けて下へ落ちているということになる。ところが、物体と一緒に落下している人がいるとすれば、その人にとって物体は自分と一緒に動いているので、何の力も働いていないように見える。

また、宇宙ステーションは地球の上空４００キロメートルあたりにある。これくらいの高さのところでは、地上に比べて90パーセント近くの重力が働いている。だが、宇宙ステーションは地球のまわりを高速で周回しているため、上向きに遠心力が働いて重力が打ち消される。

このため、宇宙ステーションの中では、すべてのものがプカプカと浮いて、実質的に無重力空間となっているのだ。もし、宇宙ステーションが周回運動を突然やめてしまったら、そのまま地球に向かって落ちてしまうだろう。

このように、重力というのは、観察する人の運動状態によって生じたり消えたりするものなのである。だが、重力が見かけ上の力だからといって、それが存在しないというわけではない。地球上の人にとって物体が下に引っ張られているのは確かな事実である。ただ、その力を打ち消すような動きをすることがいつでも可能なのである。

3・6　時空間は本当に曲がっている

時空間は本当に曲がっていた

時空間が曲がっていると考えれば重力を説明できるようになった。アインシュタインが一般相対性理論を作り上げたとき、時空間が曲がっているという直接的な証拠はなかったのだが、すぐにそれを確かめようとする観測が行われた。太陽の近くでは地球上よりも時空間の歪みが大きいため、太陽の表面すれすれを通ってくる星の光は、太陽によって多少曲げられると予測されるのだ。

この光線の曲がりは実際に確かめることができ、その結果は一般相対性理論の予測と見事に一致する。アインシュタインが１９１６年に一般相対性理論を完成させた3年後、アーサー・エディントンによりそのような観測が初めて行われた。その観測結果は、アインシュタインの新しい理論と矛盾していなかった。エディントンの観測自体はそれほど精度のよいも

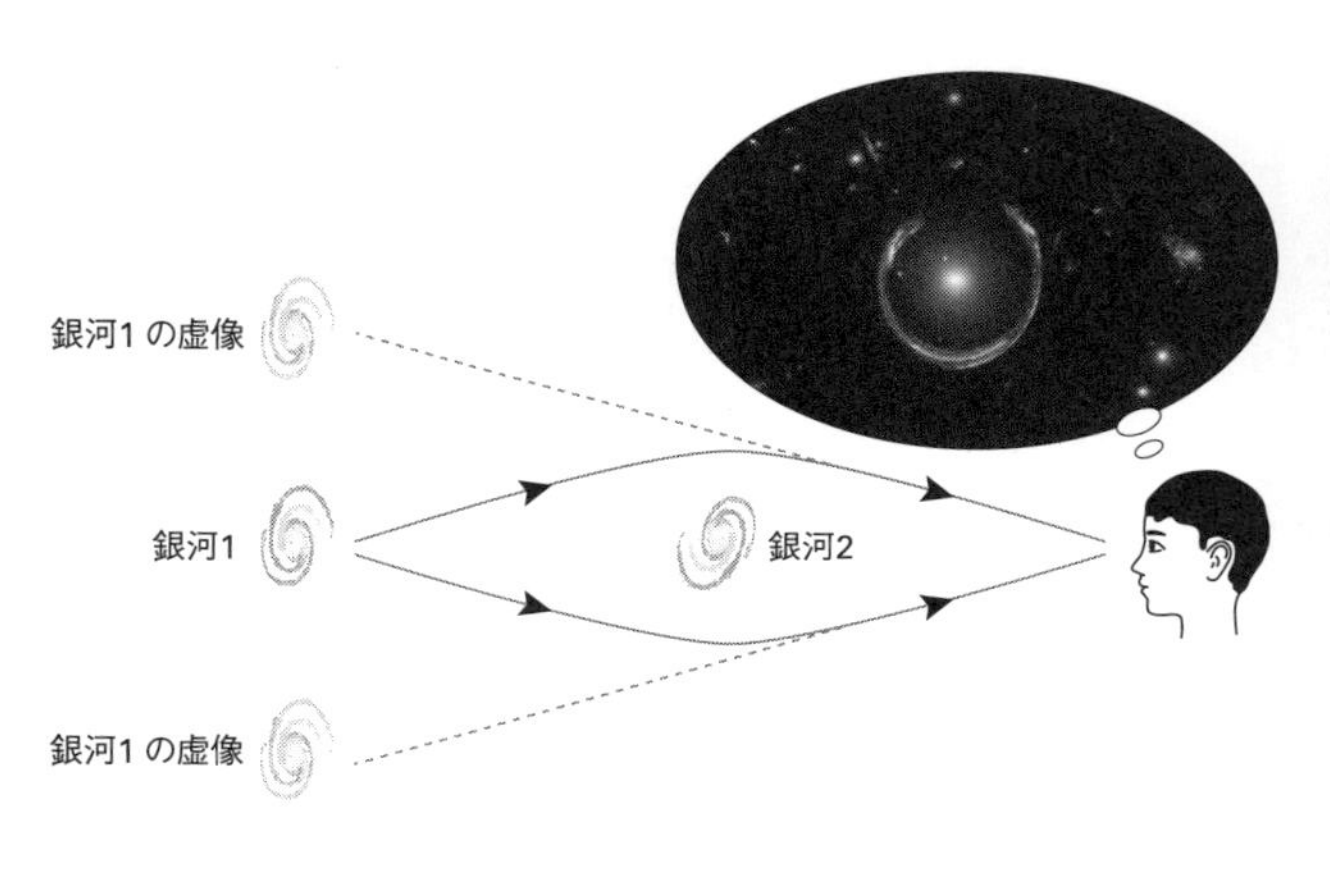

© ESA/Hubble & NASA
図３-９　アインシュタイン・リングの説明図と観測例。

のではなかったものの、このことはアインシュタインを一般社会にまで有名にするきっかけとなった。

時空間の歪みについてはその後も精度の良い観測が行われ、その結果はいずれも一般相対性理論に一致する。図３－９はアインシュタイン・リングと呼ばれる現象の説明図とその観測例である。

距離の異なる２つの銀河が、偶然に同じ方向にある場合、手前にある銀河はまわりの時空間を歪め、遠くにある銀河から出た光は、その歪んだ時空間を通って私たちのところまでやってくる。このとき光の軌道は手前の銀河に引き寄せられる向きに曲げられる。すると、本来は視線が重なって見えないはずの遠方の銀河が、手前にある銀河のまわりに円環状になって見えるのだ。

地球上での時空間の曲がりはごくわずか

こうして、私たちの宇宙では、時空間がまっすぐに伸びているというユークリッド幾何学が必ずしも成り立っていない、ということがわかった。私たちが普段の生活をする中では、時空間はまっすぐ伸びたものだとしか思えないが、それは地球上での時空間の歪みが、人間にとってとても小さいからである。

地球上でも重力が働いている以上、時空間は少しだけ歪んでいる。だが、その歪み具合はたった10億分の1程度だ。地球上の空間は、地球の重力によって曲げられ、わずかに双曲幾何学になっている。例えば、縦に1メートルだけ離した2本の平行な直線を描き、両端に1000キロメートルほど延長していくことを考えよう。すると、どちらの端でも上下方向に1ミリメートルほど距離が離れることになる。そんな小さなズレであれば、私たちに気づかれなくとも不思議ではない。

地球上では、空間だけでなく時間も歪んでいる。例えば東京スカイツリーの第2展望台は地上450メートルのところにあるが、そこでの時間は地上での時間よりも20兆分の1だけ進み方が速い。このため、最上階に１時間ほど滞在すると、10億分の４秒、つまり４ナノ秒ほど時計が進むことになる。これもやはり私たちが感じるには小さすぎる。だが、ビルの上と下で時間の流れに差があることは、超高精度の実験によって実際に確かめられているのだ。

宇宙で極端に時空間が歪んだところ

このように、地球上ではユークリッド幾何学からのズレがあるといってもごくわずかであり、私たちが生活する上では、時間や空間は歪んでいないと考えても問題ないのである。だが、それは宇宙規模でも時間と空間がまっすぐ伸びたものだということを意味しない。

宇宙には極端に時空間が歪んだ場所もある。それはブラックホールのまわりだ。ブラックホールとは、極端に小さな領域に大量の物質が凝縮すると作られる、極限的な天体である。あまりにも重力が強く、ブラックホールに一度飲み込まれると、光さえも逃れることができない。真っ黒な穴のようなものだというので、ブラックホールと名付けられている。

ブラックホールのまわりでの時空間の歪みは尋常ではない。地球上では１０００キロメートル伸ばした平行線間の距離がミリ単位で変化するだけだったが、ブラックホールの近くでは、数メートル伸ばした平行線の間の距離もメートル単位で変化する。そんな世界に住んでいる人たちがいれば、その人たちにとっては非ユークリッド幾何学が常識であり、平行線という概念は持ちあわせていないだろう。

第4章

空間曲率の測り方

4・1　宇宙の空間曲率

空間曲率とはなにか

ブラックホールのように時空間の歪みが際立つようなところは、宇宙全体から見れば限られた場所だけだ。星やブラックホールなどの天体の大きさを大きく超える尺度で平均すると、全体的に見た時空間はそれほど曲がっていない。

それはちょうど、海や湖を近くで見るのと遠くから眺めるのとでは、だいぶ印象が異なるのに似ている。近くで見ると大きく波立っているのが見えるが、遠くの山頂から眺めたり、高いところを飛ぶ飛行機の上から眺めたりすると、水面はとてもなめらかでまっすぐに見える。宇宙も大きく平均して見ると、天体によって作られる細かな時空の歪みは取るに足りないものとなる。

宇宙が大きな範囲でどのような時空間になっているかを表すのに、空間曲率という量が役立つ。空間曲率とは、空間の曲がり具合を表す量である。空間曲率が0であるとき、その空間ではユークリッド幾何学が成り立つ。つまり、空間はまっすぐであり、曲がっていないということだ。

空間曲率が０でないときは空間が曲がっている。その値は正か負のどちらにもなり、このときユークリッド幾何学は成り立たない。空間曲率が正の場合は楕円幾何学になり、負の場合は双曲幾何学になる。すなわち、正の場合は球面上のような幾何学が成り立ち、３角形の内角の和は１８０度よりも大きくなる。負の場合はラッパ状をした曲面上におけるような幾何学が成り立ち、３角形の内角の和は１８０度よりも小さくなる。

また、空間曲率の絶対値はその空間がどれほど曲がっているのかを表す値になる。空間曲率の絶対値が大きければ大きいほど、空間の曲がり方が大きい。逆に、ゼロに近ければ近いほど、空間はまっすぐになっている。

空間曲率の数値

数値的な話をすると、曲率の値というのは、どれくらいの距離尺度で空間の曲がりが顕著になるかという特徴的な長さを、２乗して逆数をとった値に等しい。つまり、曲がりが顕著になる距離尺度のマイナス２乗だ。したがって、曲率の単位は長さのマイナス２乗である。

例えば、2メートル進んで空間の曲がりが顕著になるのなら、その空間曲率は0・25［毎平方メートル］である。

逆数をとっているので、曲率の値が小さければ小さいほど曲がりの距離尺度は大きくなる。曲率の値がゼロになれば、曲がりの距離尺度は無限大になる。それはつまり、どこまでもユークリッド幾何学が成り立つまっすぐな空間だ。逆に曲率の絶対値が大きい場合、曲がりの距離尺度は短くなる。それはつまり、ちょっと進んだだけで空間の曲がりが顕著になってくるということだ。

特別な場所も特別な方向もない宇宙

空間曲率の値は場所ごとに異なっていてよいが、天体が作り出す細かい構造を平均して宇宙を大きく見ると、宇宙にはどこにも特別な場所がないと考えられる。この場合には、平均的な空間曲率の値は宇宙のどこでも同じである。

また、同様にして細かい構造を平均すれば、宇宙には全体として特別な方向もないと考えられる。この場合には、空間曲率の値によって空間の曲がり方が一つに定まってしまうことが知られている。

これらのことにより、宇宙を大きく見たときに特別な場所も特別な方向もないとするならば、ひとつの空間曲率の値だけで、宇宙全体における空間の曲がり方が決まってしまうことになる。したがって、実際の宇宙における平均的な空間曲率の値は、宇宙全体の性質を決めるのに本質的なものなのである。

宇宙の臨界密度

アインシュタインの一般相対性理論によると、時空間の曲がり方はその中にある物質やエネルギーの量と関係している。また、特殊相対性理論によると、物質とエネルギーは本来同じものである。したがって、時空間の曲がりを決めているのは、その中にあるエネルギーの量である。その関係を数式で表したものが、アインシュタイン方程式と呼ばれる一般相対性理論の基本方程式だ。この方程式を使えば、宇宙を平均して見たときの空間曲率の値と、宇宙に存在する平均的なエネルギーの量がお互いに関係付けられる。

その結果、空間的に平均したエネルギーの密度が十分に大きいと、空間曲率が正になる。このとき宇宙空間は楕円幾何学の成り立つ世界となる。つまり、３角形の内角の和が必ず180度よりも大きくなるような空間だ。逆に、エネルギーの量が少ないと、宇宙空間は双曲幾何学の成り立つ世界になる。つまり、3角形の内角の和が必ず180度よりも小さくなる世界だ。

これら2つの場合を分けるのは、エネルギーの密度がある特別な値になるときだ。この特別な密度を「宇宙の臨界密度」と言い、このとき空間曲率はちょうど0になる。つまり、ユークリッド幾何学の成り立つ世界であり、3角形の内角の和は必ず180度になる。その特別なエネルギー密度の値はかなり小さい。現在の宇宙で1立方センチメートルあたり10のマイナス29乗グラム程度である。

4・2 有限に閉じた宇宙空間

宇宙が有限に閉じている可能性

私たちの宇宙における平均的な空間曲率の値は、正なのか負なのかゼロなのか。理論的にはどの可能性もある。宇宙の中にエネルギーがどれくらいあるのかがわかれば、平均的な空間曲率の値もわかるが、エネルギー量を直接的に測定することは簡単ではない。

だが、観測によって平均的な空間曲率の値を決定できれば、エネルギーの量を知ることができる。測定できる限りの大きな宇宙の範囲で、空間曲率の値を決めることは、宇宙論の重要な研究課題となっている。

もし、宇宙の平均的な空間曲率の値が正で、楕円幾何学の成り立つ世界であるなら、宇宙は無限に続いていない公算が高くなってくる。なぜなら、楕円幾何学は球面上の幾何学と同じ性質を持っているからだ。球面が果てのない有限に閉じた2次元の空間であるというのと同じように、3次元の宇宙空間も果てのない有限に閉じた3次元空間になっていると考えられるのだ。

一方、平均的な空間曲率の値が0か負の場合は、有限に閉じている必要はない。この場合には宇宙が無限に続いているという可能性が排除されなくなってくる。

こうして、宇宙の平均的な曲率の値が正なのかそうでないのかによって、宇宙が有限なのか無限なのかという問いに対する手がかりが得られるのである。もちろん、無限の彼方まで行って見てきたわけでもないのに、無限に続いているかどうかが確実にわかるわけではない。

だが、宇宙に特別な場所も特別な方向もなく、私たちのまわりと同じような宇宙がずっと続いているとするならば、空間曲率が正の場合には宇宙が有限に閉じていて、負やゼロの場合にはどこまでも続いている、というのがひとつのもっともらしい可能性になるのである。

有限に閉じた3次元空間のイメージ

空間曲率の値が正のとき、3次元空間が球面のようになって有限に閉じていると言われても、なかなかイメージが掴めないかもしれない。2次元の面が曲がっている様子を容易に想像することはできても、3次元の空間が曲がっている様子を想像するのは難しい。

2次元の面が曲がっている様子を思い浮かべやすいのは、私たちが3次元空間に住んでいるからだ。曲がった2次元の面を思い浮かべるとき、その面は3次元目の方向へ曲がっている。ところが、もし曲がった3次元の空間をそのまま思い浮かべようとすると、その空間が4次元目の方向へ曲がっている様子を想像しなければならない。だが、4次元空間で動き回った経験のない常人には、4次元目の方向を思い浮かべることは至難の業だ。4次元目の方向は私たちが思い浮かべる空間の中にはない。自分たちのいる空間とは別の、あの世の方向というかアサッテの方向というか、私たちの知っている3次元空間を超越した方向を思い浮かべなければならない。

多少なりとも曲がった3次元空間というものの感覚を掴むには、曲がった3次元空間からまっすぐに2次元の平面を切り出してくることを考えるとよい。3次元空間が曲がっていると、できるだけまっすぐに切り出してきた2次元の面上においても、やはりユークリッド幾何学が成り立たない。元の3次元空間の空間曲率が正で、その空間が楕円幾何学にしたがっているのであれば、切り出してきた2次元の面も楕円幾何学にしたがう。

楕円幾何学にしたがう面は、球面のように有限に閉じた面で表すことができることを思い出そう。元の3次元空間が楕円幾何学にしたがうということは、その3次元空間から切り出してきた2次元の面が球面のようなものになっていると考えられる。

球面上をまっすぐ進んでいけば、地球上をひたすらまっすぐ進んでいくのと同じで、いずれは1周して最初にいた場所へ戻ってきてしまう。3次元空間をできるだけまっすぐ進んでいくということは、この切り出してきた2次元空間をできるだけまっすぐ進んでいくのと同じことだから、3次元空間であっても1周して最初にいた場所へ戻ってくるのだ。

ボンネ・マイヤースの定理

空間曲率がどこでも同じ値を持ち、その値が正であるならば、その空間は球面のように閉じていて、まっすぐ進んでいくと元にいた場所へ戻ってしまうと説明した。この性質は、空間曲率が場所によって異なっていても成り立つ。

このことは数学的に「ボンネ・マイヤースの定理」として知られている。すなわち、物理的に妥当な条件のもとで、

空間曲率がある正の最小値より常に大きい空間は、必ず有限に閉じている

ということが数学的に証明されているのだ。ボンネ・マイヤースの定理では、空間曲率の最小値から、閉じた空間の大きさの最大値を与える式も導かれている。空間曲率という空間の局所的な性質を使って、空間が閉じているかどうかという空間の大局的な性質に制限を与えることができるというのが、この定理の面白いところである。

この定理の簡単な例として、ラグビーボールを考えてみよう（図4－1）。実際のラグビーボールの表面は細かく見るとデコボコしているが、そうした細かいところは無視して理想化し、ツルツルしたものを考える。すると、ラグビーボールはなめらかな球を縦方向に引き伸ばしたような形をしている。このような形を回転楕円体と呼ぶ。平面に描かれた楕円体を、一番長い軸に沿って回転させて得られる形をしているためだ。

このように理想化されたラグビーボールの表面は２次元空間とみなされる。この２次元空間の曲率は場所によって異なる。ラグビーボールのとんがった場所は、曲がり方が大きいため曲率の値も大きい。また、中心から見てとんがった場所から90度ずれたところは、曲がり方が比較的小さく曲率の値も小さい。実際に、その場所で曲率は最小値になっている。

だが、ラグビーボールの表面のどこを見ても、ラッパの表面のように曲がる方向が逆向きになっている場所はない。これはラグビーボールの曲率がどこでも正の値になっていることを意味している。そしてその曲率の値には最小値が存在する。ボンネ・マイヤースの定理の条件を満たしているので、そのような面は有限に閉じていなければならない。実際、ラグビーボールの表面は有限に閉じている。これがボンネ・マイヤースの定理が成り立つ簡単な例だ。

図４-１　ラグビーボールの表面は、細かなデコボコを無視すればどこでも曲率が正であり、その面積は有限に閉じている。

空間曲率を測定することの重要性

ボンネ・マイヤースの定理は一般的なもので、３次元以上の空間についても成り立つ。実際の宇宙において、空間曲率がどこでも正であると何らかの方法で証明できたなら、空間は有限に閉じている、と結論づけることができるのだ。この場合は宇宙が無限に続いているかどうかという問題には終止符が打たれる。そのような宇宙でまっすぐ進んでいくと元にいた場所へ戻ってしまい、空間が無限に続いていることはない。

もちろん、平均的な空間曲率がどこでも正であるかどうかを知るためには、私たちに観測可能な範囲を超えたところの状態まで知らなければならない。空間曲率を直接測定しなければならないのなら、それはちょっとできない相談だ。

だが、観測できる場所を可能な限り遠くまで調べることはできる。もし、私たちに観測可能な範囲で平均的な空間曲率が変化せず、正の一定値を持っているのなら、その先でも同様に正の一定値が続いていると考えてもそれほど間違ってはいないだろう。

もしそのようなことが言えるのであれば、宇宙が有限に閉じている証明とは言えないまでも、その公算が高くなってくる。そこで宇宙の平均的な曲率を測定することが重要になってくるわけだ。

４・３　宇宙の幾何学を知る

どうやって宇宙の空間曲率を求めるか

そこで次に、宇宙の平均的な曲率を求める方法を説明しよう。空間曲率の値を決めるには、この宇宙空間に描かれた、できるだけ大きな3角形を使うのが手っ取り早い。もし宇宙空間が平均的にユークリッド幾何学に従っていないのなら、その3角形の性質は、ユークリッド幾何学のものからずれているだろう。

描く3角形は大きければ大きいほどよい。非ユークリッド幾何学の特徴として、空間の曲がりが顕著になる距離尺度というものがあった。その距離尺度よりも十分に小さな3角形を描いても、それはユークリッド幾何学におけるものと区別がつかない。宇宙空間の平均的な曲率がゼロでなかったとしても、その絶対値はかなり小さいかもしれない。小さな絶対値の曲率を測定するには、観測可能な宇宙の果てにまで伸ばした3角形を考え、しかもそれをできるだけ精密に測ることが必要だ。

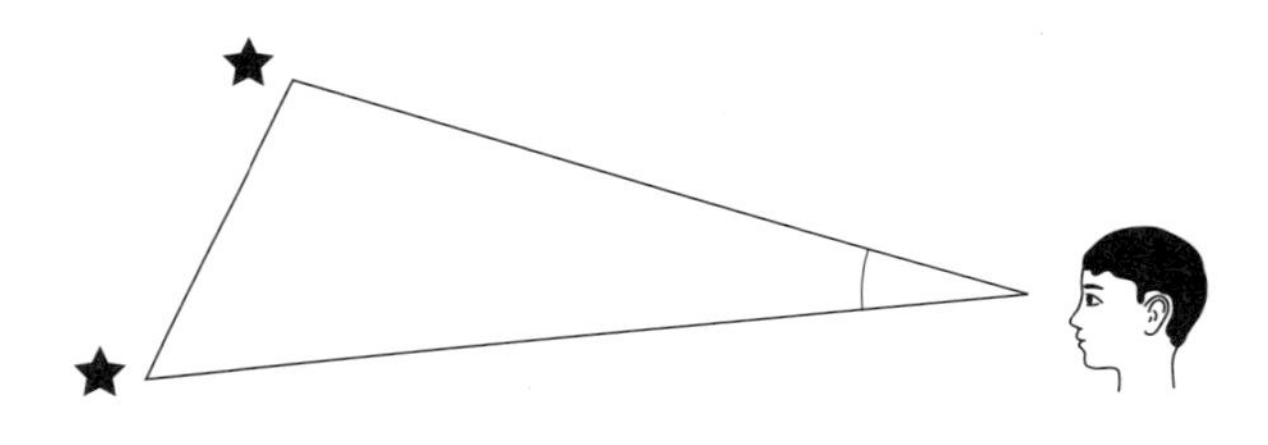

図4-2　宇宙に描かれた3角形。

ところが、手元に描かれた3角形であれば自由に辺の長さや角度を測ることができるのに対し、宇宙に描かれた3角形についてそのようなことは難しい。私たちは遠方の宇宙へ自由に行ったり来たりできないからだ。宇宙の観測というのは、遠くからやってくる光などの情報を分析することでしか実行できず、必然的に受動的なものにならざるを得ない。また、宇宙に描かれた3角形と言っても、人間が自分で描くことはできない。もともと宇宙に存在している3角形を使う必要がある。

このような制約の中で、宇宙にできるだけ大きく描かれた3角形を探してみよう。そうすると、私たちのいる場所を一つの頂点とする3角形が使えることに気がつくだろう。例えば2つの天体からやってくる光を測定すると、私たちのいる地球とその2つの天体を使い、それらを3つの頂点とする3角形が一つ描かれる（図4－2）。

２つの天体からやってくる光線の角度を測ることは容易だ。それは手元で測定できる量だから、必要ならいくらでも精密に測定できる。だが、それがこの３角形に関して手元で測ることのできる唯一の量だ。この３角形の他の長さや角度を直接測るには、遠くの宇宙に出かけていかなければならない。それはできない相談なので、他の方法でどうにかする必要がある。

４・４　膨張宇宙における距離の推定

ハッブル・ルメートルの法則

遠くにある天体までの距離を直接測ることは難しいが、幸い宇宙は膨張しているので、遠くの天体ほど私たちから速く遠ざかっている。このことは、ハッブル・ルメートルの法則[*2]によって表され、その内容は、

宇宙膨張によって遠ざかる天体の速さは、その天体までの距離に比例して大きくな

る

というものだ。

このハッブル・ルメートルの法則は比例関係として有名だが、実は、実際の観測量に対して比例関係が成り立つのは比較的近くにある天体に限られる。なぜなら、光には速さがあって、遠方の天体からやってくる光は昔に出た光であり、光が私たちのところへ到着する間に宇宙膨張の速さが変化してしまうからである。

例えば、ハッブル・ルメートルの法則をそのまま使うと、距離が約１４０億光年先にある場所は光の速さで遠ざかっていることになる。これでは１４０億光年先にある場所を観察できないことになり、そこが観測可能な宇宙の果てということになってしまう。だが、実際には４７０億光年先まで観測可能だ。そんなことも、ハッブル・ルメートルの法則がかなり遠

＊2　これまで歴史的な経緯でハッブルの法則と呼ばれてきた法則と同じものだが、近年では、この法則を最初に発見したルメートルの名前を加えて呼ぶことが推奨されている。本書でもそれにしたがうことにする。

方にある天体の距離を正しく与えないという例になっている。

ハッブル・ルメートルの法則自体は別に間違っているわけではないのだが、その法則における遠ざかる速さとしては、現在の値を使わなければならない。だが、遠方からやってくる光はそれだけ時間がかかって届くので、現在の遠ざかる速さというのは知り得ない。したがって、光が私たちのところへ届く間に宇宙膨張の速さがあまり変化しない場合にだけ、ハッブル・ルメートルの法則が正しい距離の見積もりを与える。

あまり遠くの宇宙を観測するのでなければ、それほど時間がかからずに光が届く。その間に宇宙膨張の速さはあまり変化せず、したがってハッブル・ルメートルの法則で見積もった距離で十分に正確だ。このため、観測が比較的近くの宇宙に限られていた時代には、ハッブル・ルメートルの法則を使って距離を推定できた。だが最近では、観測技術が十分に発展して、かなり遠方の宇宙まで観測できるようになった。すると、ハッブル・ルメートルの法則そのものを実際の観測量に使うということができなくなる。

赤方偏移とは

ハッブル・ルメートルの法則は、天体の遠ざかる速さとその天体までの距離の間の比例関係である。ここで遠ざかる速さは、天体の赤方偏移というもので測定する。遠方の銀河を例にとって、赤方偏移の決め方を説明しよう。

光を波長ごとに分解して見たものは、「光のスペクトル」と呼ばれる。銀河からやってくる光のスペクトルの中には、いろいろな原子や分子が放出する特定の波長が刻み込まれている。その波長は原子や分子の種類ごとに決まっているので、銀河から光が放射された時点での波長の値を知ることができるのだ。

一方、銀河から出た光は私たちのところへ届くまでに宇宙膨張の影響を受けて、その波長が伸びる。光のスペクトルに刻み込まれた特定の原子や分子の波長は、本来の波長よりも長くなって観測される。光の波長が伸びるということは、色で言えば赤くなる方向へ変化するので、これを光の赤方偏移と呼ぶ。

赤方偏移の値は、光の波長がどれくらい伸びたかという割合から1を引いた量で定義される。波長が変化しなければ、その割合は1であり、赤方偏移の値は1から1を引いてゼロになる。波長が10%伸びると、その割合は1・1であり、赤方偏移の値はそれから1を引いて0・1となる。同様に、波長が2倍に伸びれば、赤方偏移の値は1である。

赤方偏移と距離の正確な関係

銀河の遠ざかる速さというのは、この赤方偏移の値から見積もる。赤方偏移の値が1より十分に小さい場合、赤方偏移の値は遠ざかる速さに比例する。比較的近傍の宇宙ではこれが成り立っていて、赤方偏移の値に光速度をかけると、それがそのまま銀河の遠ざかる速さになる。したがって、この場合、ハッブル・ルメートルの法則は、赤方偏移の値と距離との間の比例関係になる。これが伝統的なハッブル・ルメートルの法則の使い方だ。

だが、遠方にある銀河について、この比例関係は成り立たない。距離と赤方偏移の関係をグラフにすると、近傍宇宙では直線になるが、遠方宇宙に行くにつれて少しずつ直線が曲がって曲線になっていく。その曲線の曲がり方は、宇宙膨張が時間的にどう変化したのかによって決まり、ハッブル・ルメートルの法則のようにハッブル定数というひとつの比例定数だけで決まるものではなくなる。

図4－3（118ページ）は、現代の宇宙論の知識によって求めた、赤方偏移と距離の正確な関係をグラフに表したものである。まず、赤方偏移が1よりも十分に小さい左端では、この関係が直線で表されるような比例関係で近似できる。赤方偏移が1を超えると、その関

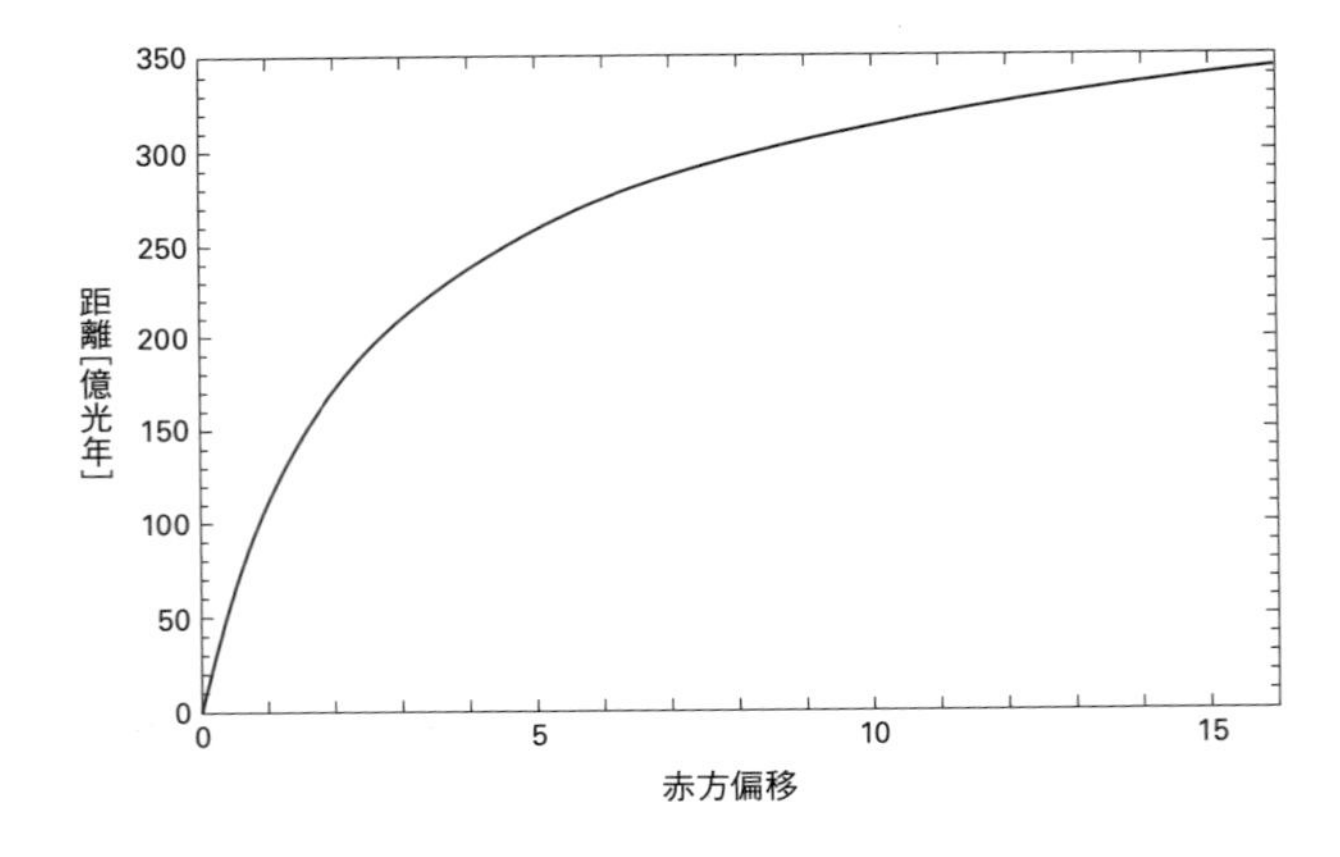

図４-３　赤方偏移と距離の関係。

係は比例関係から大きくずれていく。そこでは赤方偏移が増えても、距離はそれほど増えなくなる。

そして、赤方偏移が大きくなればなるほど、距離はますます伸びなくなる。このグラフを右にどんどん伸ばして赤方偏移を大きくしていっても、観測可能な宇宙の半径である約４７０億光年を超えて距離が伸びることはない。そこから先は観測不可能なので当然だ。

４・５　３角形を使った空間曲率の測定

辺の長さと曲率によって角度が決まる

少し込み入った話をしたが、要するに、天体の赤方偏移を測ることによって、その天体までの距離を推定できるということだ。ユークリッド幾何学では、３角形の３辺の長さがわかれば、その３角形の形と大きさはひとつに定まる。そこで、地球と２つの天体を直線で結んだ３角形を考えよう（図４−４、１２０ページ）。このとき、地球から２つの天体を見込む角度は余弦定理によって計算できる。

ところが、非ユークリッド幾何学において、ユークリッド幾何学の余弦定理は成り立たない。３つの辺の長さがわかっても、３角形の内角の値が空間曲率の値によって異なるからだ。いま、平均的な空間曲率が場所によらず一定、という場合を考える。この場合には、その空間曲率の値によって決まる、別の形の余弦定理が成り立つ。その関係を使うと、３つの辺の長さが与えられたとき、どれか一つの内角を測ることによって、空間曲率の値をひとつに決

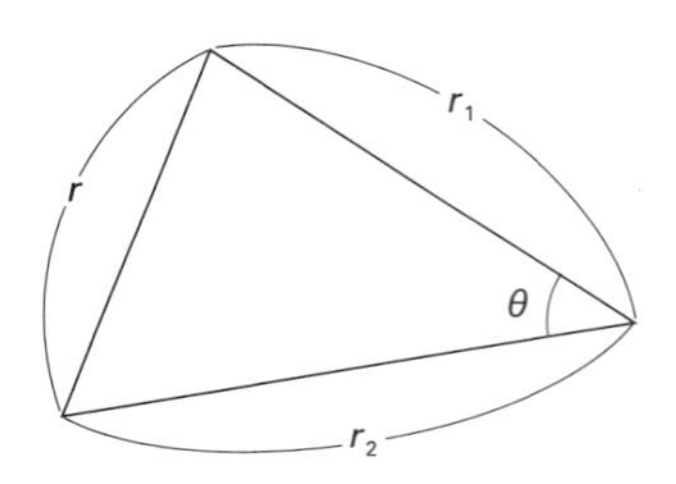

ユークリッド幾何学でだけ

$$\cos\theta = \frac{r_1{}^2 + r_2{}^2 - r^2}{2r_1 r_2}$$

が成り立つ

図4-4　ユークリッド幾何学では、3つの辺の長さ r_1, r_2, r が与えられれば、3角形の形と大きさはひとつに定まる。最初の2辺の間の角度 θ は余弦定理によって決められる。非ユークリッド幾何学では、その角度が曲率の値によって変化する。

めることができるのである。

空間曲率が正であれば、内角の値はユークリッド幾何学で期待されるよりも大きくなる。なぜなら、正の空間曲率の場合は楕円幾何学となり、どの内角の値もユークリッド幾何学で期待されるよりも大きくなっているからだ。逆に空間曲率が負であれば、内角の値はユークリッド幾何学で期待されるよりも小さくなる。それがどれくらい大きいのか小さいのかによって、空間曲率の値を決めることができる。

相対距離があらかじめ知られている天体はない

つまり、地球と2つの天体を頂点とする3角形を考え、その3つの辺の長さとひとつの角度から、空間曲率の値を測定できるという寸法だ。２つの天体までの距離は原理的に赤方偏移の測定から決められ、その間の角度は地球から直接測定できる。そこで残った長さは２天体の間の相対的な距離だ。

この方法を実際に使うためには、あらかじめ相対的な距離が正確に知られている２天体をどこかから見つけ出してこなければならない。だが、天体間の距離は直接的に測定できるようなものではない。実際、具体的な天体として相対的な距離があらかじめわかっているようなものは知られていないのだ。

つまり、具体的な天体を使うのは難しい。その代わりに何か相対的な距離が知られているものはないだろうか。そこで脚光を浴びるのが、バリオン音響振動という宇宙初期における振動現象なのである。これについては章を改めて説明しよう。

第5章

バリオン音響振動と空間曲率

5・1　バリオン音響振動とは何か

昔の宇宙は温度が高かった

宇宙が無限に続いているかどうかという問題に対して、宇宙の空間曲率の値が重要な要素であることが理解できたと思う。空間曲率の値が正であれば、宇宙が有限に閉じている公算が高いのであった。現代の宇宙論は、空間曲率を精度よく決める強力な手法を携えている。それがここで説明しようとしている「バリオン音響振動」と呼ばれる現象だ。

この言葉は読者にとって耳慣れないかもしれない。まず、バリオンというのは原子を構成している粒子のことで、私たちがよく知っている物質を構成している。物質は原子から成り立っていて、その中には電子と原子核が存在する。私たちのまわりでは、原子核と電子は基本的にくっついて中性化している。たまにイオン化した原子もあるが、大多数の電子は原子核の近くにまとわりついているのだ。

宇宙は膨張することで、現在のように大きくなってきたのだった。宇宙が膨張しているということは、時間を遡っていくと昔は宇宙が小さかったことになる。時間を遡れば遡るほど、狭いところに物質が押し込められた状態になる。つまり、物質の密度が濃い状態だ。

一般に、物質を圧縮すると温度が上がる。自転車の空気入れを使って、根元の部分が熱くなっているのに気がついた経験はないだろうか。あれは空気が圧縮されるために、温度が上がる現象である。同じように、宇宙の初期に物質が狭いところへ押し込められた状態では、現在の宇宙に比べて全体の温度がとても高かったのだ。すなわち、密度が濃くて温度の高い状態が実現されていた。

プラズマ状態の宇宙

十分に密度が濃くて温度が高いと、電子は原子核に束縛されずに宇宙空間を自由に飛び回るようになる。すなわち、原子核と電子がバラバラに動き回る「プラズマ状態」というものになるのだ。さらに宇宙全体の温度が高いと、宇宙空間には大きなエネルギーを持った光が飛び回る。こうして、宇宙にある物質の状態は、原子核と電子と光の混ざり合ったものとなる。

宇宙初期にはあまり多くの種類の原子核は存在していなかった。最初にあったのは、ほとんどが水素原子核（陽子１つ）とヘリウム原子核（陽子２つと中性子２つ）という簡単なものだった。現在の宇宙にある多彩な種類の原子核は、水素とヘリウムの原子核を材料にして、その後の天体現象の中で作られてきたのだ。

つまり、宇宙初期は水素原子核とヘリウム原子核、そして電子と光が混ざり合った状態になっている。バリオンというのは厳密に言えば原子核を構成する粒子のことである。バリオンは重粒子とも呼ばれ、それに比べてはるかに軽い電子はレプトンもしくは軽粒子と呼ばれる。だが、宇宙初期のプラズマ状態では、バリオンが電子や光と強く作用し合って一体化している。このこともあり、用語の使われ方は少し不正確だが、原子核、電子、光をすべてひっくるめてバリオン物質と呼ぶことも多い。

宇宙規模の振動

このバリオン物質には強い圧力がかかっている。すると、音波が伝わるのと同じメカニズムでその中を振動が伝わることができる。音波とは、空気の密度が波となって伝わる現象である。それには空気の圧力の存在が重要な役割を果たしている。

物体が振動したり物体同士が衝突したりすると、そのまわりの空気の密度が一時的に変化する。ある場所で空気の密度が一時的に濃くなると、圧力によりその空気は広がろうとしてまわりの空気を押す。すると、もとの場所で空気の密度は薄くなるが、その代わり、まわりにある空気の密度が濃くなる。すると、再び圧力によりその空気が広がろうとして、さらにその先にある空気を押す。

これを繰り返して空気の濃淡がまわりに伝わっていくのが、音が伝わるということだ。音が伝わっているところでは、空気の密度の濃淡が振動している。これを音響振動と呼ぶ。人間の耳はその空気の振動である音響振動を検出することができ、それが音として聞こえるのだ。

空気中における音響振動と同じメカニズムにより、宇宙の初期にプラズマ状態だったバリオン物質の中でも、密度の濃淡が振動できる。その振動は宇宙規模で起きているのだ。これが初期宇宙に起きるバリオン音響振動である。

宇宙初期に限定された現象

バリオン音響振動は宇宙初期に起きる特徴的な現象であり、現在の宇宙にはない。なぜなら、宇宙初期におけるバリオン物質の圧力は高いのだが、現在の宇宙では圧力がほとんどなくなってしまっているからだ。圧力が低すぎれば音響振動は起こらない。

バリオン音響振動は、あるとき急に終わる。バリオン物質の圧力が、その時点で急に低くなるからである。その原因は、イオン化した原子が、中性化した状態へと変化することにある。宇宙の温度が冷えてくると、原子核から離れて自由に飛び回っていた電子は、原子核に捕らえられて、原子を中性化する。すると、宇宙空間で自由に飛び回る電子の数が急に少なくなる。

一方、光は自由な電子とは強く影響し合うが、中性の原子とはあまり作用し合わない。このため、自由な電子の数が少なくなると、光は何にも邪魔されずにまっすぐ進むことができるようになるのだ。

光がまっすぐに進めるようになることは「宇宙の晴れ上がり」と呼ばれている。ちょうど太陽の光が雲に邪魔されてまっすぐ進めない状態から、空が晴れ上がって光がまっすぐ進めるようになるのに似ているためである。

プラズマ状態のバリオン物質の圧力が高いのは、自由な電子と光が強く作用し合うためである。光はまっすぐ進めずに自由な電子にぶつかる。電子が動くと電気力により原子核も引きずられる。光の圧力はもともと高い。このことがバリオン物質の圧力を生み出している。だが、光が電子と作用し合わなくなると、バリオン物質の高い圧力が失われて、バリオン音響振動は止まってしまう。このことは、宇宙の晴れ上がりとだいたい同じ時期に起きる。

それは宇宙が始まってから約37万年後のころのことである。

バリオン音響振動の伝わる距離

バリオン音響振動が37万年しか続かないという話が、宇宙の空間曲率の測定にとって重要なのである。なぜなら、バリオン音響振動は一種の音波であり、その37万年の間に音波の伝わった距離が、宇宙の中に特徴的な長さを刻み込むからだ。バリオン音響振動が伝わった距離は、このあと説明するように、観測できるのである。

バリオン物質中を音波が伝わる距離は、音速に時間をかければ得られる。実際には宇宙の膨張と音速が時間変化するので、その関係は単なる掛け算ではなく積分で与えられるが、いずれにしてもその距離は計算可能だ。また、音速はバリオン物質の圧力と密度の関係から計算できる。

その結果、宇宙の晴れ上がりまでにバリオン音響振動が伝わる距離は、約40万光年と計算される。音速は光速よりは遅いのに、この距離が37万光年を超えているのは奇妙に思えるかもしれない。だがこれは、宇宙膨張のためである。実際、バリオン音響振動の音速は光速の57%ほどで、光速より遅い。だが、バリオン音響振動が最初の頃に伝わった空間は、宇宙膨張で遠方にまで運ばれ、晴れ上がりの時には37万光年を超えた距離にまで遠ざかっている。このことは、現在の宇宙で観測可能な宇宙の距離が１３８億光年を大きく超えた４７０億光年であるのと同じ事情だ。宇宙空間の膨張については光速度による速度制限が適用されないことに注意しよう。

宇宙の物差し

そういうわけで、宇宙の晴れ上がりの時点では、バリオン音響振動の伝わってきた距離は約40万光年である。だが、現在の宇宙は晴れ上がりの頃から見ると約１３００倍に膨張しているので、現在の宇宙で見ると、この距離は約5億光年になる。この距離を「バリオン音響振動スケール」と呼ぶ。

この長さを何らかの方法で観測できれば、その両端を2天体の代わりに使い、宇宙の平均的な空間曲率を測定する手段になる。このとき、バリオン音響振動スケールが遠方宇宙において物差しの役割を果たす。

音波というのは、具体的な天体ではなく、それを伝える物質などの密度の空間的なパターンの繰り返しである。その振動パターンは、宇宙にある物質などの空間的な分布を、広く調べることによって明らかにできる。そのような目的に使える観測量は少なくとも2つある。それは宇宙マイクロ波背景放射と、宇宙の大規模構造だ。

5・2 宇宙マイクロ波背景放射

宇宙マイクロ波背景放射とは

宇宙マイクロ波背景放射とは、宇宙全体に満ちている電波である。その電波の起源は、なんと、宇宙の晴れ上がりのときにまっすぐ進めるようになった光なのだ。

その光は最初、可視光という目に見える光の波長を主な成分とするものだった。それが宇宙を進み続けるうちに宇宙の膨張によって波長が引き伸ばされていき、現在の宇宙では電波として観測できるのだ。光と電波は同じ電磁波の仲間であり、その違いは単に波長が短いか長いかというだけである。この電波が実際に観測されたことは、宇宙が熱い火の玉のような状態から始まったというビッグバン理論を裏付ける、重要な証拠となった。

宇宙マイクロ波背景放射には、いろいろな波長の電波が含まれている。一般に温度を持った物体からは常に電磁波が放射されていて、宇宙マイクロ波背景放射はそのように物体から放射される電磁波と同じ性質を持っている。

光をまったく反射しない理想的な物体を黒体と呼び、そこから放射される電磁波を黒体放射と呼ぶ。宇宙マイクロ波背景放射は、温度が2・7ケルビン（摂氏で約マイナス270度）の黒体放射と同じなのである。つまり、宇宙マイクロ波背景放射は、温度という量を持っているのだ。

宇宙マイクロ波背景放射の温度は、宇宙の晴れ上がりのころはもともと3500ケルビンほどだった。この温度の電磁波は、だいたい可視光の領域で光っている。宇宙膨張により波長が一様に引き伸ばされると、そのケルビン温度は膨張の割合に反比例して下がる。現在の宇宙は晴れ上がりから1300倍ほどに膨張しているので、宇宙マイクロ波背景放射の温度は、3500ケルビンから2・7ケルビンほどにまで下がってしまったのだ。

宇宙マイクロ波背景放射の温度ゆらぎ

この宇宙マイクロ波背景放射を地球で観測すると、どの方向でもほとんど同じ温度になっている。このことは、昔の宇宙がどこでもほとんど同じような状態だったことを意味している。もし昔の宇宙空間に大きなデコボコがあれば、観測される宇宙マイクロ波背景放射の温度にも方向による大きな違いが出るであろう。

だが、昔の宇宙が完全に一様であり、まったくデコボコしていなかったとすると、現在の宇宙も完全に一様なままにとどまっているはずだ。少なくとも現在の宇宙には星や銀河があり、銀河の集団である銀河群や銀河団、さらに大きな超銀河団などがある。こうした構造ができることと矛盾しないためには、宇宙マイクロ波背景放射の温度にも多少のゆらぎが必要なのだ。

そのゆらぎは実際に観測されていて、宇宙マイクロ波背景放射の温度ゆらぎと呼ばれている。そのゆらぎの大きさは極めて小さく、方向ごとの温度の違いは10万分の１程度しかない。そんな小さなゆらぎであっても、現在の宇宙の構造を作り出すのに必要十分な大きさであることがわかっている。

この温度ゆらぎを方向ごとに測定して地図にしたものが図５－１（１３４ページ）に示されている。宇宙マイクロ波背景放射は空のあらゆる方向からやってくるので、天球面上にそれぞれ温度が測定できる。その全天球面を世界地図のようにして２次元平面に表したのが上の図だ。下の図はその一部を拡大してある。

図5-1　Planck衛星によって観測された宇宙マイクロ波背景放射の温度ゆらぎ。上図は全天の温度ゆらぎ、下図はその一部を拡大したもの。
©ESA, Planck Collaboration

全天にわたって10万分の１の精度でほぼ同じ温度だが、温度が少しだけ高い部分が白っぽく、温度が少しだけ低い部分が黒っぽく描かれている。方向ごとの微妙な温度の違いがグレースケールで表されている。

温度ゆらぎに刻み込まれた音響振動スケール

この温度ゆらぎのパターンにおいて、温度が特に高い部分や特に低い部分に注目してみよう。下にある拡大図を見るとわかりやすい。そうすると、なにかツブツブしたパターンが見えてこないだろうか。隣り合った温度の高い部分同士の間の角度、もしくは隣り合った温度の低い部分同士の間の角度に着目すると、それは何か特徴的な角度を持っている。それは角度にしてだいたい１度弱である。

この特徴的な角度は、実はバリオン音響振動スケールに対応しているのである。目で見ているだけでは大まかなことしかわからないが、この地図全体のデータを統計的に処理することで、もっと正確な角度を求めることができる。ここで詳しい説明をすることは省くが、そのためにはスペクトル解析という手法が役に立つ。こうして、宇宙マイクロ波背景放射の温度ゆらぎからバリオン音響振動スケールを取り出すことができるのである。

温度ゆらぎを使った2等辺3角形

現在の地球で観測される宇宙マイクロ波背景放射は、宇宙の晴れ上がりの時点からまっすぐ宇宙空間を進んできた。したがって、それが出発した場所をつなぎ合わせると、地球を中心とする半径が一定の球面になる。晴れ上がりから現在までに光の進める距離が、その半径だ。そのような球面を宇宙マイクロ波背景放射の最終散乱面と呼ぶ。光が最後に物質によって散乱された面、という意味である。

宇宙マイクロ波背景放射の温度ゆらぎに刻み込まれたバリオン音響振動スケールは、この最終散乱面の上に張り付いている。また、宇宙マイクロ波背景放射の赤方偏移の値は観測量から理論的に計算できるので、最終散乱面の半径も計算できる。その結果は、現在の宇宙での距離に直して約455億光年となることが知られている。バリオン音響振動スケールは現在の宇宙での距離に直して約5億光年だったから、これにより3辺の長さが455億光年、455億光年、5億光年という、とても細長い2等辺3角形が描けたことになる。

この場合、もし宇宙がユークリッド幾何学に従っているのならば、バリオン音響振動スケールの見かけの角度は0・6度ほどになるはずだ。もしその予想からずれていれば、非ユークリッド幾何学に従っているということになる。そして、そのズレの量から、宇宙の平均的な空間曲率の値を推定することができる。

5・3　宇宙の大規模構造

宇宙の大規模構造とは

宇宙の晴れ上がりの前に起きたバリオン音響振動を観測する2つめの方法は、宇宙の大規模構造だ。宇宙の大規模構造とは、宇宙に存在する銀河の空間的な分布を使って明らかにされた非常に大きな構造のことである。

宇宙には多数の銀河があるが、それらは空間にバラバラと一様にばらまかれているわけではない。いくつもの銀河がまとまった銀河群や銀河団という銀河の集団があり、さらに多くの銀河が集まった超銀河団という集団もある。超銀河団には数多くの銀河群や銀河団、そして集団に属さない銀河などが含まれている。また、超銀河団は一つのまとまった構造というよりも、もっと大きな構造の一部をなしていると考えられる。

宇宙を大きく見ると、銀河が細長い領域に連なったフィラメント構造と呼ばれるものや、面のような形をした領域に連なったシート構造と呼ばれるもの、また、広い領域にわたって銀河があまり見られないボイド構造と呼ばれるものもある。宇宙を大きく見ると、こうした複雑な構造が観察され、それを宇宙の大規模構造と呼んでいるのだ。

銀河の3次元分布

宇宙の大規模構造の観測は数多く行われてきたが、最近の観測結果のひとつを図5－2に示す。これは2000年ごろから継続的に続けられているスローン・デジタル・スカイ・サーベイと呼ばれる銀河サーベイ観測のひとつの結果である。この図に与えられているものは、比較的遠方の宇宙に観測された大規模構造である。

この図に見られる点のひとつひとつが銀河の位置に対応し、その3次元的な分布が描かれている。これを見ると、銀河がたくさん群れ集まっているところと、そうでないところがはっきりと見てとれ、全体として複雑な構造をしていることがわかる。

こうした宇宙の大規模構造ができた原因は、宇宙の初期にあった物質の密度のゆらぎにある。そのゆらぎの元は、宇宙マイクロ波背景放射を作り出したゆらぎと同じ起源のものだ。

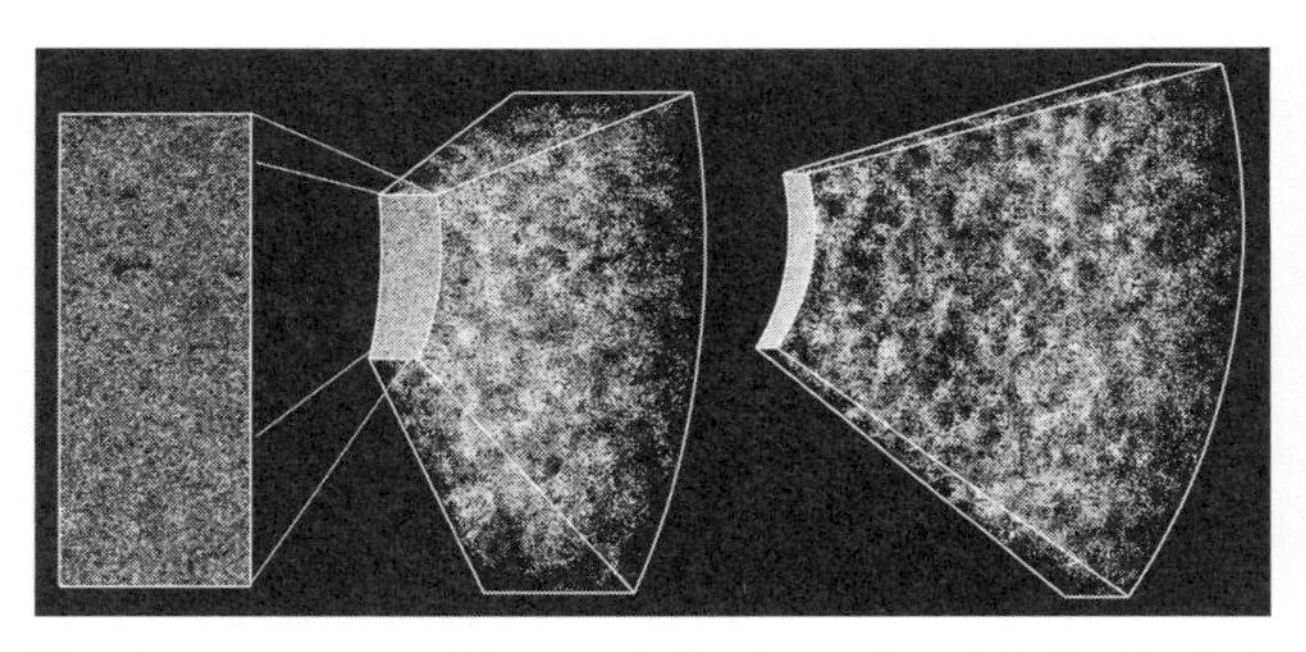

図5-2　スローン・デジタル・スカイ・サーベイのBOSSプロジェクトによって得られた銀河の3次元分布。

宇宙初期にあった物質の密度のゆらぎは非常に小さい。だが、密度のゆらぎは不安定な性質を持ち、時間が経つとゆらぎの大きさがどんどん増えていく。こうして、最初は小さかったゆらぎも、最終的には大きな密度の濃淡に成長するのである。密度が十分に濃くなったところには銀河ができる。こうして宇宙の大規模構造が作られてきた。

大規模構造に刻み込まれた音響振動スケール

宇宙にある物質は、バリオン物質ばかりではない。そのほかにダークマターというものがあるのだ。ダークマターとは、宇宙観測によって見つかってきた物質で、宇宙の中に満ち溢れている。重力の作用によってダークマターの存在が明らかにされたのだが、その正体はいまだ謎に包まれている。それが私たちのよく知っているバリオン物質とどういう関係にあるのか、わかっていることがとても少ないのだ。

宇宙にあるダークマターの量は、バリオン物質の量より5倍ほども多い。したがって、物質の密度ゆらぎの主な成分は、ダークマターによって担われている。8割強がダークマターのゆらぎであり、そこに2割弱のバリオン物質のゆらぎが加わっているのである。

バリオン物質はバリオン音響振動を起こすが、ダークマターはそのような振動を起こさない。したがって、バリオン音響振動のないダークマターの密度ゆらぎに、バリオン音響振動のあるバリオン物質の密度ゆらぎが乗っかっているという形になる。このため、大規模構造におけるバリオン音響振動の影響は、マイクロ波背景放射におけるものほどは顕著でない。図の銀河分布を見ても、バリオン音響振動の痕跡は目でわかるほどはっきりと見えるわけではない。

だが、ここでもまた統計的にデータを処理すると、バリオン音響振動の効果が浮かび上がってくる。大規模構造の場合もスペクトル解析が役に立つが、銀河の群れ集まり方をもっと直接的に表す相関解析という方法も有用だ。詳しい説明は省くが、こうして宇宙の大規模構造からバリオン音響振動スケールを取り出すことができるのだ。

宇宙の大規模構造を使うと、最終散乱面に固定された宇宙マイクロ波背景放射の場合と違って、いろいろな場所のバリオン音響振動スケールを測定することができる。原理的にはどんな距離にも大規模構造を観測することができるので、バリオン音響振動スケールという物差しはどこにでもあるのだ。十分に広い領域で大規模構造を観測すれば、３辺のうちの２辺をいろいろと変えた多数の３角形を描くことができ、宇宙の平均的な曲率を測定するには都合がよい。

宇宙の大規模構造を広い範囲で観測するのは時間のかかる作業である。このため、現在までに実際に観測された領域は、観測可能な宇宙の大きさに比べてかなり限られている。これについては将来的な観測計画がいくつもあるので、今後は徐々に観測領域も広がっていくだろう。

5・4　現状の観測における空間曲率の値

現在までに得られている空間曲率への制限

宇宙マイクロ波背景放射と宇宙の大規模構造の観測を合わせて、バリオン音響振動スケールを物差しとして用いる方法により、宇宙の平均的な空間曲率の値に制限が与えられている。その結果としては、平均的な空間曲率はゼロにとても近いことがわかっている。現在のところは、誤差の範囲内で空間曲率の値はゼロであって構わない。

曲率が完全にゼロであることを示すには誤差をゼロにしなければならないので、この結果は実際の曲率が完全にゼロだという証拠にはならない。だが、観測可能な宇宙の果てまで伸ばした3角形を使っても曲率が検出されなかったということは、その範囲で宇宙が極めて平坦に近く、かなりよい精度でユークリッド幾何学が成り立っていることを意味する。

空間曲率の値は完全にゼロである必要はないのだが、その値への観測的制限はかなり厳しい。空間の曲がりが顕著になる距離スケール、すなわち曲率のマイナス2分の1乗の値について、その値は少なくとも3000億光年程度以上だという結果が得られている。もし曲率がゼロでなかったとして、観測的に許される最大の曲がり方をしているとしても、それほど大きな距離スケールを見ないと空間の曲がりが目立って見えてこないということだ。

小さな範囲から大きな範囲の性質を推定する

観測可能な宇宙の半径が470億光年しかないのに、どうしてその6倍以上も大きな距離スケールについてわかるのだろうか。それを理解するには、地球の半径を推定することを考えてみるとよい。例えば、地球上のある場所で１００キロメートル四方の範囲を測量すると、１パーセントほど完全な平面からずれていることがわかる。

一方、地球の半径は約６４００キロメートルである。調べた範囲が地球の半径よりも十分に小さくても、地球の大きさが推定できるのだ。宇宙の空間曲率を推定するのもこれと同じで、全体からすれば狭い範囲しか調べられなくとも、精密に測量することによって、それより十分に広い範囲での空間の曲がり方について知ることができる。

観測で得られたのは、空間の曲がりが顕著になるのが最低でも３０００億光年の距離ということだった。この巨大な距離スケールを超えたところに空間の曲がりがあるかどうかは、現状の観測誤差の範囲で結論を導き出すことはできない。

これはちょうど、地球上で10キロメートル四方の範囲を調べても、測定誤差の範囲でユークリッド幾何学と区別がつかず、地球の曲がりが検出できなかったというのに似ている。空間曲率が誤差の範囲でゼロであるということは、実際には曲がっていないかもしれないし、曲がっていてもその曲がりが極めて小さいだけなのかもしれない。

まだ結論は出ていない

ここまで読んできた読者は、なんだ、空間がユークリッド幾何学に従っているなんて当たり前じゃないか、と思うことはないだろう。空間を平坦にするためには、その中にある物質やエネルギーの量をちょうどよい値に微調整しなければならないと知っているからだ。いくら微調整をしたからといって、厳密に空間曲率がゼロになる理由はない。多少はゼロでない値になっていても一向にかまわない。

そういうわけで、現状では宇宙の平均的な空間曲率がゼロであるかそうでないかについての結論は出ていない。したがって、宇宙が全体として閉じているか開いているかという問題に対する手がかりはまだ得られていないのだ。将来的には宇宙の大規模構造などの観測がもっと精密化することが期待されているので、そのときには宇宙の空間曲率がゼロでないとわかるかもしれない。

宇宙の空間曲率がゼロであるかどうかは、宇宙論にとって重要な問題だ。単に、宇宙が無限に開いているか有限に閉じているか、という問題の手がかりになるというだけではない。それは、この宇宙全体がどのようにできてきたのかという問題の手がかりにもなるのである。

第6章

有限に閉じた宇宙

6・1 トーラス構造の宇宙

空間曲率によらず有限に閉じている可能性

平均的な空間曲率が負やゼロであった場合、宇宙が無限に続いている公算が高い、と述べてきた。だが、それは必ずしも宇宙が無限に続いていなければならない、ということではない。空間曲率が負やゼロであっても、宇宙が有限に閉じているという可能性もある。

ボンネ・マイヤースの定理によると、平均的な空間曲率の値がどこでも正であり、その値に最小値があるならば、空間は有限で閉じている。それは数学的な結論である。だが、この逆は成り立たない。すなわち、空間が有限で閉じているからといって、平均的な空間曲率の値が負またはゼロであるとは限らないのだ。

直感的には、空間曲率が正でなければ、無限に広がっているのが自然に感じられるのは確かだ。2次元空間で空間曲率がゼロの真っ平らな平面を思い浮かべれば、無限に広がっているのを想像するし、3次元空間でも同様だ。曲率が負の場合は、無限に広がっているのを想

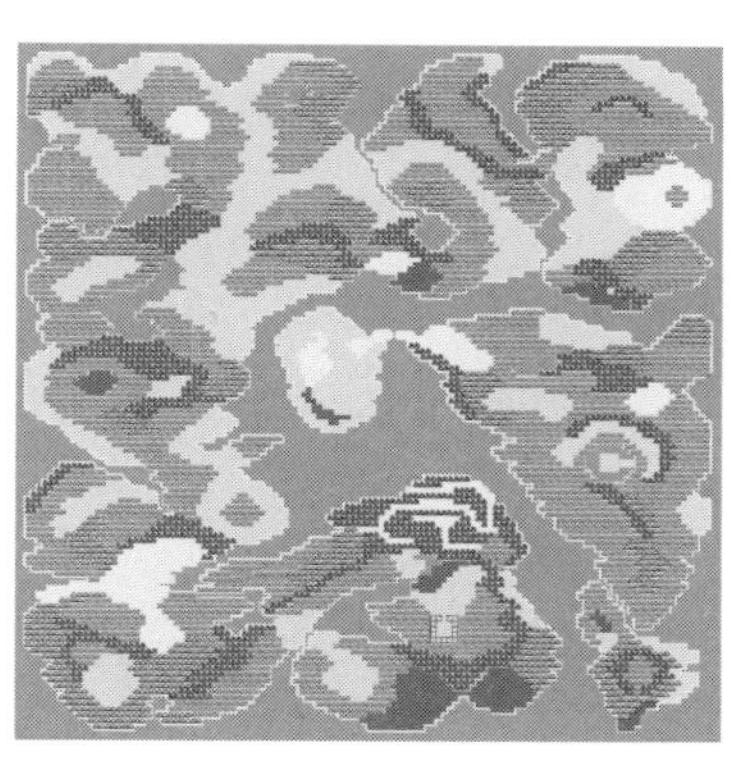

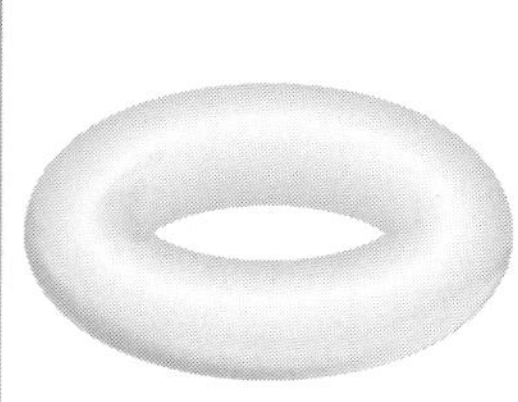

図6-1　RPGのゲーム画面（左）とトーラス構造（上）。

像するのは少し難しいが、似たような状況になる。

トーラス構造とは

だが、曲率がいたるところでゼロや負であっても、有限に閉じているような場合を想定することも可能だ。そのもっともわかりやすい例は、ドラゴンクエストなどのRPGにおける世界マップのようなものだ。そのゲーム画面を上に向かって進み続けた場合、世界マップの上の端を通り抜けると下の端から出てくる。左右に対しても同様で、世界マップの右の端を通り抜けると左の端から出てくる。つまり、世界は平らなのに、両端どうしがつながり合っていて、有限に閉じた世界になっている。

このような2次元の構造を、トーラス構造と呼ぶ。これを視覚的に理解するには、図6－1のように考えればよい。まず、長方形の上端の辺と下端の辺が同じものであるから、この平面を丸めてくっつけてしまう。すると円筒の形になる。これで上下方向が繋がった。この円筒の左右にある円はやはり同じものであるから、円筒の左右を強引にくっつけてしまおう。するとドーナツのような形が出来上がる。

このドーナツ状の形をした表面の部分が、トーラス構造になっている。ただし、最後に左右を繋げたときに平面を曲げてしまったため、ドーナツの表面には曲がりが生じて平面とは異なる曲率を持つ曲面になってしまっている。

本来は、曲げることなしにくっつけなければならないのだが、私たちが思い浮かべられる3次元空間の中でそういうことをするのは不可能だ。したがって、ドーナツの形の例えは、あくまで類推として理解する必要がある。見た目と違って、どこにも曲率がない平面であり、全体的な繋がり方がドーナツの形と同じというだけだ。

3次元の場合

3次元空間においても同じようにトーラス構造を考えることができる。上下と左右だけでなく、前後方向にも繋がっていると考えればよい。2次元の場合と違って、辺ではなく面を考えて、離れたところにある面が同じものだとして繋げる。それはもはや視覚的に表すことはできないが、どの方向へまっすぐ進んでいっても、結局は同じ世界をぐるぐると回っているだけになる。有限に閉じているのだ。

例えば、あなたが部屋の中にいて、四方にドアがあるとすると、右のドアを開けて入ると、同じ部屋の左のドアから出てくる。後ろのドアを開けて入ると、前のドアから出てくる。さらに、床に開いたマンホールを開けて入ると、同じ部屋の天井に開いた穴から出てくる、という調子だ。この場合、空間曲率はゼロなのに、全体の体積は有限となる。

これが3次元トーラス構造だ。もはや2次元の場合のようにドーナツの形として全体を表すことはできないが、2次元の類推からだいたいの様子はわかるだろう。3次元トーラス構造を適当な2次元面で切り取ると、それはドーナツのような形に繋がっている。

曲率が負の曲面をトーラス構造に繋げると

空間曲率が負の場合にも、同様にして空間全体を閉じさせることを考えてみよう。図3－7（88ページ）にある負曲率の2次元空間を表す図を見てみる。例えば真ん中に見える歪んだ4角形の部分を取り出してきて、その上下方向の辺を同じものとみなし、左右方向の辺を同じものとみなせば、有限に閉じた負曲率の2次元空間が出来上がる。この空間の繋がり方はトーラス構造と同じであるが、その内部の曲率は負だ。

だが、この場合には頂点の部分に集まる角度の合計が360度に満たなくなるので、そういう場所だけは、つじつま合わせのように曲率が大きく正になってしまう。もし、この局所的に大きな正の曲率を全体の空間で平均してしまえば、結局は曲率がゼロの空間になる。そのような特異な場所が宇宙に見つかるなら別だが、そうでなければ不自然だ。

これを避けて、いたるところ曲率が同じになるような空間は、後に考えるように、多角形を繋ぎ合わせることで実現できる。3次元空間であれば、多面体だ。

6・2　トーラス構造でない繋がり方

負曲率の面を2つ穴トーラスに繋ぎ合わせる

空間を繋ぎ合わせる方法は、トーラス構造を作るやり方しかないわけではない。例えば、図3-7（88ページ）のように表した負曲率の空間において、8角形の領域を考える。すると、この空間における直線は外側に曲がった曲線で表されるから、図6-2の左にあるよう

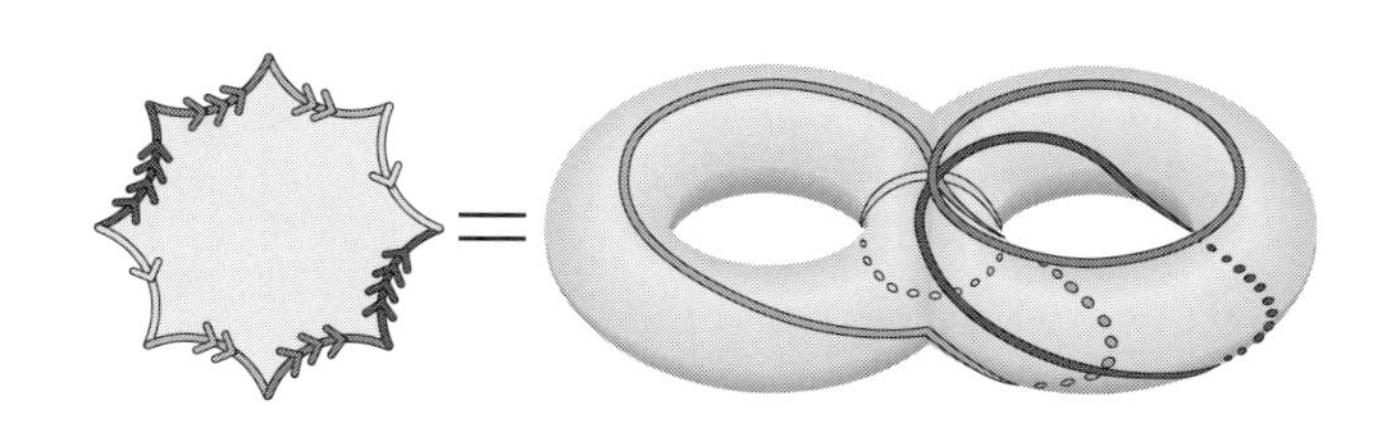

図6-2　負曲率の平面に描いた8角形の辺をつなぎ合わせると、2つ穴トーラスの面と同じ繋がり方になる。

なとんがった8角形として表される。ここで、図にあるように辺を対応させて同じものだとみなす。すると、ある辺から外へ出ていこうとしても、同じものだとみなされた辺からまた中に入ってくる。

これが貼り合わされる様子を頭の中だけで想像するにはかなりの想像力を要するが、結果的には右にあるように、2つ穴トーラスと呼ばれる面と同じ繋がり方をしていることがわかる。これも先ほどと同じように、面が曲がっているように見えるところは無視して、繋がり方だけに注目する。面の曲率は元と同じようにいたるところ負であるとみなし、全体的にトーラス構造とは違った形の繋がり方をすることで、有限に閉じた空間になっている。

この場合、もとの8角形の頂点には8個の面が貼り合わされてくることになるので、頂点に集まる角度の合計が360度になるためには、元の8角形の頂点の角度が

45度である必要がある。これは負曲率の空間だから可能なことである。

曲率ゼロの平面でも同じように8角形を繋ぎ合わせて2つ穴トーラスを作ることはできるが、頂点での角度が1080度にもなってしまい、そういう場所だけは、つじつま合わせのように曲率が大きく負になってしまう。それを全空間に平均すると、結局は曲率が負の空間になる。

ポアンカレ正12面体空間

3次元空間でも、もちろんトーラス構造とは違った繋がり方の空間を作り出すことができる。そのためには多角形ではなく多面体を考えて、ある面を別の面と同じものだとみなせば、空間を有限に閉じさせることができる。先ほどの3次元トーラス構造の場合は、立方体の表面である6面体の向かい合う面を同じものとみなして作った例である。

例えば、図6－3のような正12面体を考えよう。正12面体は12個の正5角形で囲まれた多面体だ。ここで、その向かい合う面の5角形どうしを同じものとみなす。このとき、5角形の面から出ていくときと入ってくるときで、その向きが少し回転する。こうしてできた空間は、有限に閉じた3次元空間となる。

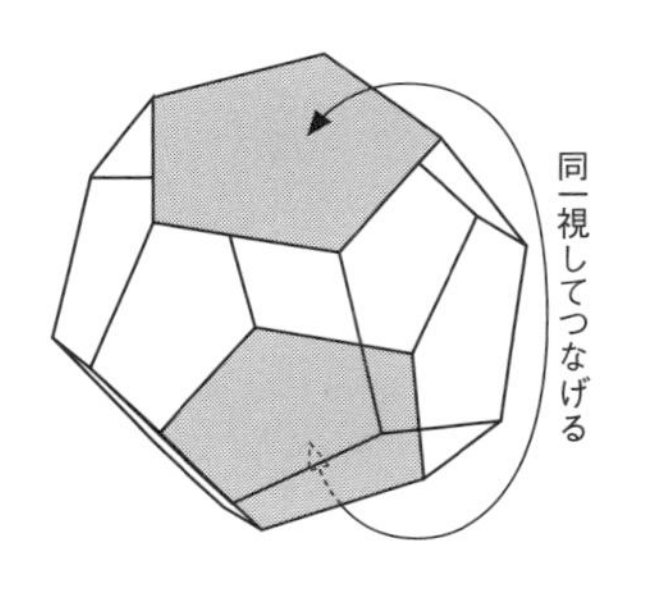

図6-3　ポアンカレ正12面体空間の構成法。内部にいる人からは右図のように見える。

このとき、もとの空間の曲率がゼロであるならば、頂点の位置の角度を測ると360度に満たなくなってしまうので、その場所では特異的に曲率が正になる。これを避けるために空間全体の曲率を正にしておけば、いたるところ曲率を同じにすることができる。こうしてできた、曲率が正で、有限に閉じた空間のことを「ポアンカレ正12面体空間」という。

正の曲率を持つ空間は、このような繋げ方をしなくても、もともと有限に閉じている。だが、正の曲率による曲がりだけで空間が閉じている場合、その体積はここで考えた正12面体の体積より120倍も大きくなる。

宇宙のトポロジー

このように、曲率の値にかかわらず、宇宙は一般に複雑な繋がり方をしていてもかまわない。宇宙空間がどのように繋がっているのかという特徴のことを、宇宙の「トポロジー」という。トポロジーとは数学用語で、何かの形が全体としてどう繋がりあっているのかに注目するものである。日本語では位相幾何学という。

無限に広がっているのもひとつの繋がり方だし、トーラス構造はまた別の繋がり方だ。宇宙がどのような繋がり方をしているのかは、前もってわかるようなものではない。曲率がゼロや負の空間における最も簡単なトポロジーは、もちろん無限に広がった空間だ。だが、それがトーラス構造や、2つ穴トーラス構造など、もっと複雑なトポロジーを持って有限に閉じている可能性もあるのだ。

実際の宇宙は単純なトポロジーをしているのだろうか、それとも遠方で繋がりあった複雑なトポロジーをしているのだろうか。複雑なトポロジーをしているのなら、空間曲率がゼロや負であっても、宇宙は無限に続いていないかもしれない。

6・3 宇宙のトポロジーを観測する

宇宙のトポロジーを観測するには

宇宙が複雑なトポロジーを持っているのかそうでないのかを知るには、宇宙が繰り返しているいることを直接確かめる以外の方法は見当たらない。もし、宇宙が有限に閉じたトポロジーを持っていて、しかも宇宙全体の大きさが観測可能な宇宙の大きさよりも小さいのなら、私たちはそれを確かめることができる。なぜなら、有限に閉じた宇宙では、同じところから出てきた光が2つ以上の経路を通って、私たちのところへ届くことができるからだ。

例えば、2次元のトーラス構造を考えてみると、ある点から出た光が私たちのところへやってくるのに、複数の軌道を通ってくることができる。図6－4（156ページ）において、点Aと点Bから出た光は、逆に向かう経路を通って私たちのところへやってくる。しかも、その経路の長さが同じなので、同じ時刻に同じ場所を出発した光が、90度以上離れた方向から同時に私たちのところへ届くのだ。

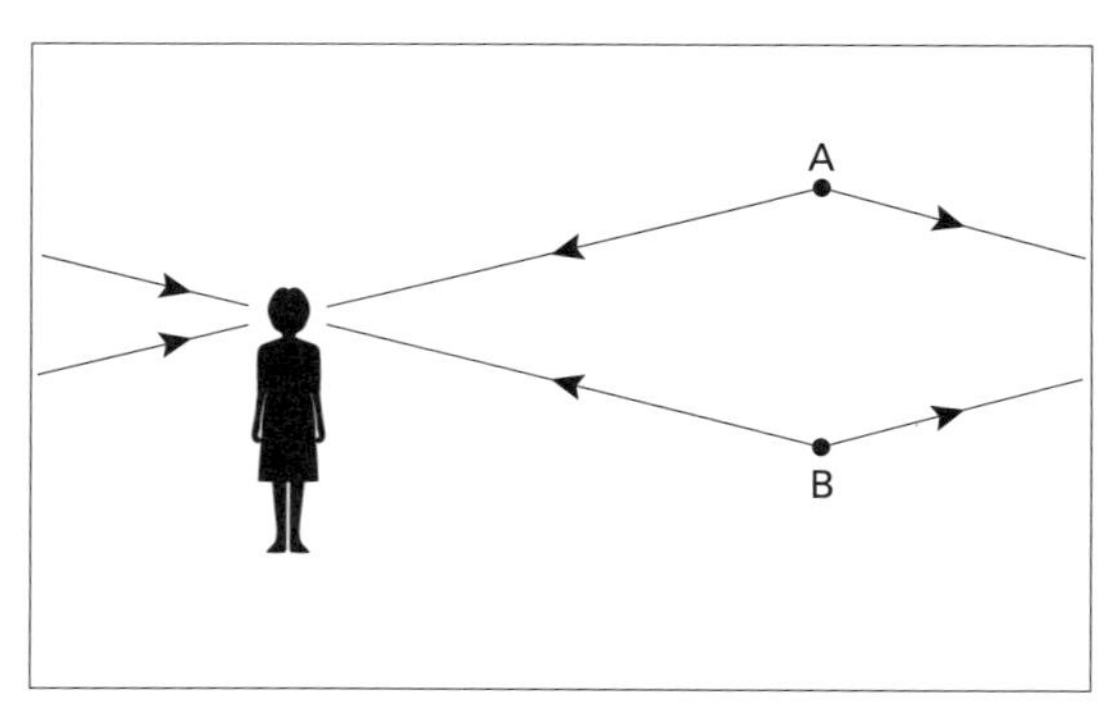

図6-4　トーラス構造の宇宙では、同じところを出発した光が複数の経路を通って私たちのところへやってくることができる。点Aと点Bからやってくる光は、私たちのところへ同時に届く。3次元の場合、同じ時刻に同じ場所からやってくる光は、円状の場所から出たものになる。

3次元のトーラス構造の場合には、同じ時刻に同じ場所を出発して私たちのところに光が届くような場所は、円状に分布する。これを地球から見ていると、90度以上離れた方向にまったく同じパターンを持つ円が観測されることになる。なぜならそれは同じところからやってきた光だからだ。

宇宙マイクロ波背景放射のパターン

宇宙が遠くの方で繋がりあっているのかそうでないのかを確かめるには、できるだけ遠方から出た光を分析すればよい。そのために有用なのが、第5章でも出てきた宇宙マイクロ波背景放射だ。

宇宙マイクロ波背景放射は、観測可能な宇

宙の半径である約470億光年よりも少し手前、約455億光年先にある場所から出た光だ。その温度ゆらぎのパターンは、138億年前の宇宙の姿を映し出している。それは、光が放射されたところにある物質の温度を反映しているのだ。

もし宇宙が遠方で繋がりあったトポロジーをしているならば、同じところから出発した宇宙マイクロ波背景放射が、違う経路を通って私たちのところへ届く場合がある。すると、そういうところの温度ゆらぎは同じパターンとなる。違う方向に同じ温度ゆらぎのパターンが観測されることになるのだ。

円状のパターンを比較する

宇宙が遠方で繋がりあっているとすると、同じところから出た光が違う方向から同時にやってくる場所があるのだった。また、宇宙マイクロ波背景放射は、私たちを中心とする半径約455億光年の球面から放射された光である。

これらのことから、宇宙が455億光年よりも短い距離で繋がりあっているとすると、宇宙マイクロ波背景放射の球面において円状の場所からやってくる光が、現在の私たちに異なる方向から同時に届くことになる（図6－5、158ページ）。これは、宇宙のトポロジーが具体的にどうなっているかにはあまり関係なく、一方向へまっすぐ進むことで元にいた空間へ戻ってくるような繋がり方をしている場合には、一般的に成り立つことだ（図６－５）。

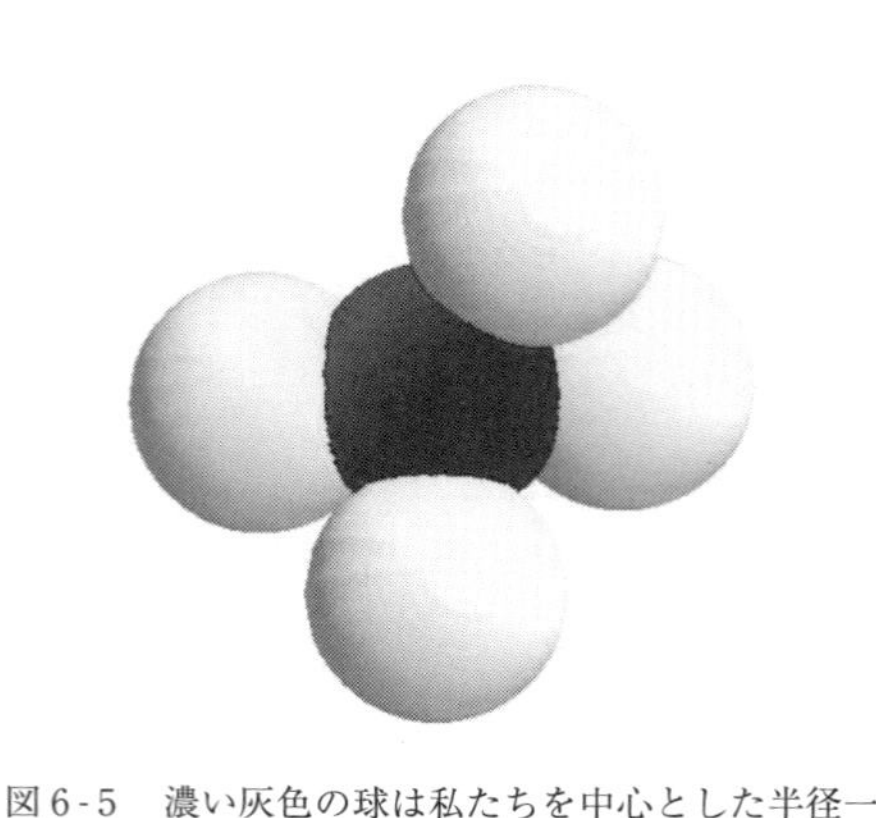

図6-5　濃い灰色の球は私たちを中心とした半径一定の球面。薄い灰色の球は、私たちからみた遠方に見えるはずの自分自身を中心とした半径一定の球面。これらの球面が交わる円状の場所を出発した光は、私たちにとって異なる方向から同時に届く。©Cornish, Spergel & Starkman, Class.Quant.Grav. 15 (1998) 2657

すると、宇宙マイクロ波背景放射の温度ゆらぎの中に、円状の領域でそっくりなパターンがどこかに見つかるはずだ。そのようなパターンがないかどうかを探してみることで、宇宙のトポロジーに制限をつけることができる。

もし、そのようなパターンが見つかれば、宇宙は遠方で繋がりあった複雑なトポロジーをしていることになり、それは驚くべきことだ。また、もしそのようなパターンが見つからないというのならば、それは半径４５５億光年の範囲で宇宙は繋がっていないことを意味する。それでも観測可能な範囲の外側で繋がっている可能性は否定できないが、少なくともどれくらいの距離までは繋がっていない、ということはわかるのだ。それはそれで、宇宙に関する大事な知識となる。

実際の観測結果

実際に、そのような方法で宇宙のトポロジーを調べる研究が行われた。プランク衛星による宇宙マイクロ波背景放射を詳しく解析した結果、果たしてそのような円状の領域があることは、誤差の範囲内で確認できなかった。このことにより、もし宇宙が遠方で繋がっているとしても、だいたい観測可能な宇宙の半径より遠方で繋がるしかない。

少なくとも、観測可能な宇宙の範囲では、宇宙は繋がり合わずに単純なトポロジーをしていることがわかったのである。つまり、宇宙が無限に続いている可能性は、現在のところ、トポロジーの観測結果から排除されない。

第7章

無限大を手なずける

7・1 無限に広がった空間を扱う方法

有限の数が大きくなった極限

第1章でも述べたように、無限を無限そのものとして思い浮かべることは、有限の存在である人間には難しいことだ。できることと言えば、有限だが十分に大きな宇宙を考えることぐらいである。無理にどうしても思い浮かべようとすると、見渡す限りずっと続いているが、先の方はモヤがかかっているような状態になる。その先がどうなっているのか具体的に思い浮かべることはできない。

数学の世界では別だが、物理学では普通、無限大というものを有限の数が大きくなった極限として扱う。最初に、非常に大きいけれども無限ではない、何か有限の数を想定する。そして、その有限の数について計算していき、最後の結果が出た時点で、その数が十分に大きいという極限を考えるのだ。

観測量は有限であるべき

最終的な結果は必ず有限の数になるべきだ。なぜなら、基本的に物理の計算というのは、最終的には測定できる数値を求めるのが目的だからである。人間に測定できる数は、必ず有限の値だ。そうでないものは測れない。測れないものに対して何か答えが出てきても、それが正しいかどうかを確かめる手段がない。

途中で無限大とみなされるような量が出てくることがあるが、計算途中ではそれを十分に大きいが有限の数として扱うのである。そうでなければ、計算できないからだ。そして、その無限大とみなされるような量がどんな数であっても、最終的な答えには影響しない。というよりは、影響しないような量にだけ意味がある、と言った方がよいかもしれない。

このような計算では、無限大をあたかも有限の数のように考え、その有限の数の大きさがどんどん増えていくようなイメージになる。それが、物理学における無限を扱う方法である。

境界条件

空間の大きさが十分に大きいときに、計算の過程で空間の大きさを一時的に有限だと考えることがある。物理学では、自然界に起きる現象を説明したり予言したりするときに、方程式を解くのだが、そのときに「境界条件」というものが必要だ。

境界条件には時間的なものと空間的なものがある。時間的な境界条件とは、最初、または最後にどのような状態になっているかを指し示すものである。一方、空間的な境界条件とは、考えようとする空間の範囲の境界がどのような状態になっているかを指し示すものである。

境界条件を与えないと、方程式の解がひとつに決まらない。境界条件を与えることによって、解こうとしている問題の方程式に解がひとつ決まり、現象を説明したり予言したりできるようになる。

境界のない場合どうするか

ここで、実質的に境界のない空間を考えた場合、困ったことになることがある（必ず困ったことになるというわけではないが）。有限の範囲に境界がないので、境界条件を設定することが難しくなるのだ。そういうときは、有限の範囲に仮想的な境界が存在すると一時的に考えて計算を行う。空間の大きさは、大きいが有限の数で表されるようなものだとしておき、最後にその大きさが無限に大きい極限をとる。

観測できる量は、空間の大きさによって変化するようなものではない。最終結果において、空間の大きさを無限大にする極限をとると、観測量に対して有限の値が得られる。

このとき、最初にどういう境界条件を取ればよいのかと迷うかもしれない。それは計算しやすいように適当に取っておけばよい。どう境界条件を設定しようと、最終的に距離を無限大にすると、結果に影響しなくなる。境界がどうなっていようとも、それが無限の彼方へ飛び去ってしまえば、私たちのいる場所には影響しなくなるのだ。

無限大自体は計算不可能

もし、最初から空間の大きさが無限大だとすると、計算の途中で無限大から無限大を引いたり、無限大を無限大で割ったりとかいうような計算をしなければならなくなる。無限大にどんな数を足しても無限大なので、無限大から無限大を引くと答えが定まらない。

同様に、無限大にどんなプラスの数を掛け合わせても無限大なので、無限大を無限大で割るとやはり答えが定まらない。また、無限大にゼロを掛けても値が定まらない。つまり、無限大が出てくると計算不能になるのだ。だが、無限大ではなくて非常に大きいけれども有限の数だとすることによって、途中の計算が可能になり、最終的な結果を導けるのである。

このように、無限に広がった空間というのも、有限の大きさの空間が大きくなった極限だと捉えることができる。具体的な物理の計算でも、そのように考えていけばうまくいくのだ。私たちが無限に広い空間に住んでいるとしても、あるいは私たちには知り得ないほど大きいが有限の空間に住んでいるとしても、どちらにしても私たちの生活には影響しない。無限に遠くにある境界条件がどうなっていようと、私たちには関わりのないことなのだ。

7・2 くりこみ理論と無限大

場とは何か

物理学において無限大が現れてくる別の例を見てみよう。

現代物理学には、場の量子論という理論がある。この理論は、極微の世界における素粒子の性質を説明するために考えられた。それは、素粒子の性質を細かなことまで非常に正確に説明できるもので、精密科学の極致ともいうべき理論だ。

場の量子論は、いたるところに無限大が出てくることでも知られている。その理由は、

「場」というものの性質にある。

場とは、空間のすべての点に数やベクトルなどが当てはめられるものである。例えば、よく知られた電場や磁場は場の一種だ。電場とは、電気の力を伝える空間の状態である。電気を帯びた粒子同士があると、電気の符号に応じて引きあったり斥けあったりする。

電気を帯びた粒子が空間中に置いてあると、粒子がないときに比べてそのまわりの空間が変化する。その変化した状態のことを電場という。電場のある空間中に、別の電気を帯びた粒子を持ってくると、その粒子は電場の状態を感じて力を受ける。これが、電気同士に力が働くしくみである。電場というのは向きと大きさを持つベクトルで表されるものだ。空間の各点にベクトルが当てはめられていると考えればよい。

電場においては、空間の各点にベクトルが当てはめられるが、一般に、場に当てはめられるものはベクトルでなくてもよい。例えば単なる数でもかまわない。いずれにしても、空間の各点に何らかの値が当てはめられている状況のことを「場」という。

場の量子論とくりこみ理論

場の量子論とは、その名の通り、この「場」についての量子論だ。量子論についてここで詳しく説明することはしないが、極微の世界を支配する物理学の法則だと考えておけばよい。大事なことは、場の量子論が空間の各点に当てはめられた値を扱う理論だということだ。

空間中の点の数は無限大だ。このため、場の量子論で何か意味のある計算をしようとすると、空間の点の数が多すぎることに起因する無限大が、直接的に計算の中に現れてしまう。無限大が現れると計算不可能になってしまうので、当初はこれが理論の矛盾ではないかと考えられた。

図7-1　朝永振一郎（1906-1979）
© Wikimedia

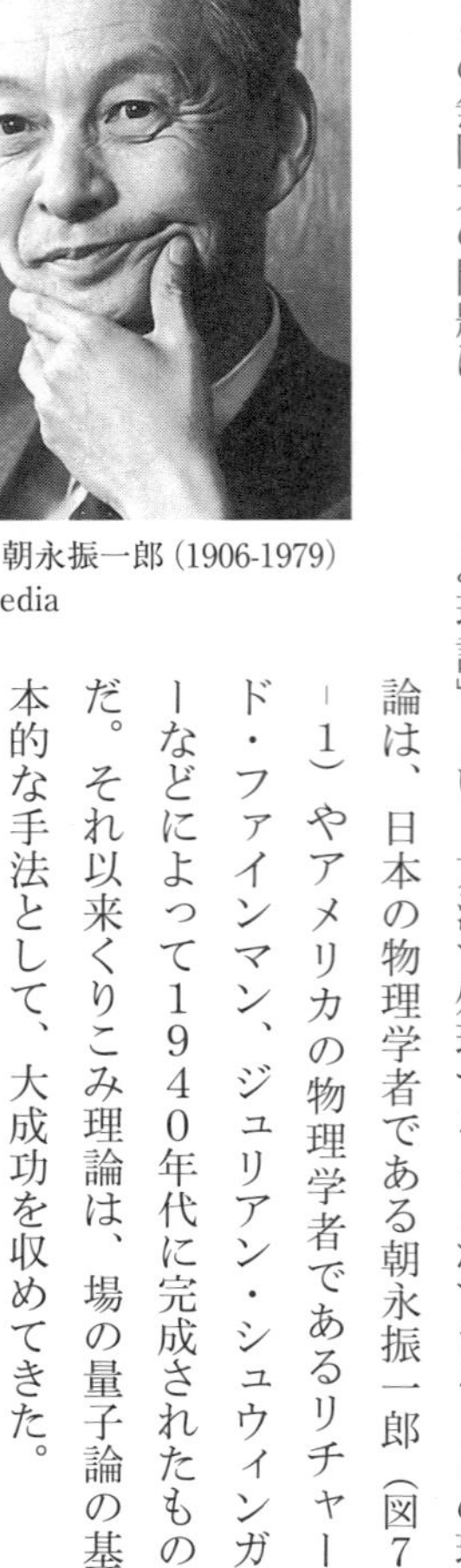

だが、この無限大の問題は「くりこみ理論」という方法で処理することができる。この理論は、日本の物理学者である朝永振一郎（図7-1）やアメリカの物理学者であるリチャード・ファインマン、ジュリアン・シュウィンガーなどによって1940年代に完成されたものだ。それ以来くりこみ理論は、場の量子論の基本的な手法として、大成功を収めてきた。

素粒子の質量は無限大？

例えば、素粒子の質量を考えてみよう。素粒子の質量はもちろん有限の値になる。だが、場の量子論を用いてその質量を理論的に求めようとすると、計算途中でどうしても無限大とみなされる数が現れてくる。だが、この無限大は計算途中でだけ現れるものである。くりこみ理論では、最終的な結果が有限になるようにうまく工夫されて計算される。

くりこみ理論は量子論に基づいた計算法だが、その雰囲気をつかむために量子論を使わない状況を考えてみよう。素粒子の一種である電子について考える。電子とは原子のまわりに存在しているマイナスの電気を帯びた素粒子だ。

電気を帯びた粒子は電気エネルギーを持っている。このとき、粒子の大きさが小さければ小さいほど、電気エネルギーの量は大きくなる。反発し合うはずのマイナスの電気を、とても小さなところへ押し込めなければならないからだ。

ここで、アインシュタインの有名な関係式 $E = mc^2$ が示しているように、エネルギーというのは質量と同じものである。電子の持つ電気エネルギーは、そのまま電子の質量の一部になるのだ。電子はそれ以外にも固有の質量を持っているので、実際の電子の質量は電気エネルギーと固有の質量の足し算になる。

電子というのは大きさのない点だと考えられている。大きさのないところへ有限の電気を押し込めると、その電気エネルギーは無限大になってしまう。これでは、電子の質量が無限大ということになって、有限の質量を持つ実際の電子の性質と矛盾している。

無限から無限を引く

この矛盾を説明するには、電子がもともと持っていた固有の質量がマイナス無限大であり、無限大の電気エネルギーとうまく打ち消しあって有限の値になっていると考えるしかない。つまり、無限大引く無限大の結果、有限の質量が得られるという形になるのだ。

ここで、最初から無限大の値を考えていたのでは、このような計算ができない。無限大引く無限大はどんな数にでもなり得るため、答えが出てこない。だが、電子の持つ電気のエネルギーを、非常に大きいけれども有限の値だと思っておけば、大きい数から大きい数を引いて小さな数を出すことには問題はない。

こうして、計算途中では無限大とみなされる数が現れてきても、それを非常に大きな有限の数とみなして計算し、最終的な結果にその無限大とみなされる数が現れてこなければよしとする。これがくりこみ理論の基本的な考え方だ。

くりこみ理論はとてもうまくいった

実際のくりこみ理論は量子論に基づいているため、こんなに単純な話ではないが、だいたいの雰囲気はつかめると思う。右の話だけだとつじつま合わせにしか過ぎないように見えるかもしれない。だが、実際に量子論的なくりこみ理論を使って計算すると、電子の質量だけでなく、電子に関わる様々な実験結果をうまく説明することができるようになるのだ。

例えば、電子には異常磁気モーメントと呼ばれる性質がある。これは電子が磁石のような性質を持っていて、その強さについて高精度の測定をしたときに現れてくる微妙な値である。この量はなんと、小数点以下12桁ほどの精度で測定されている。その値はくりこみ理論を使って別の測定量だけから計算することができ、その結果は測定誤差の範囲で実験値と見事なまでに一致するのだ。

このように、物理学の計算では、計算途中に無限大が出てきてもそれをうまく処理する方法が確立していて、観測量に対応する最終的な数値には有限の量だけしか出てこないようにできる。しかもその結果は実験結果と驚異的な精度で一致する。単なるつじつま合わせといった簡単な話ではないことが理解できるであろう。

くりこみ理論はなぜうまくいく?

もちろん、くりこみ理論はある意味で対症療法的であり、本来は計算途中にも無限大が出てきてはならないとする考え方もある。場の量子論に出てくる無限大は、空間の点の数が無限大であることから発生しているが、それは空間を無限に分割できるという前提に基づいている。だが、あまりに小さなところでは空間の連続性が失われるはずだとも考えられている。だが、それはあまりに小さいところの話なので、私たちには気づかれないだけだと思われる。

小さすぎる世界の無知が、見かけ上の無限大を生んでいるのかもしれない。くりこみ理論は、そのような無知を回避して、私たちが観測できる量についての意味のある計算を可能にする処方箋であると考えられる。くりこみ理論がうまくいくということは、あまりに小さな世界がどうなっているのかということに関わりなく、私たちの世界が動いているということを意味している。

前節で述べたように、宇宙の大きさについても同じことが言える。すなわち、私たちの世界は宇宙がどれくらい広いのかということと関わりなく動いている。観測可能な範囲を超えた宇宙が無限に広いのか、それとも十分に大きいけれども有限なのか、そんなことには関わりなく、私たちの世界が動いている。

7・3　カシミール効果

真空のエネルギー

ここで、物理学の計算に無限大が現れてくるもう一つの面白い例を取り上げてみよう。それはカシミール効果と呼ばれる現象を説明する計算だ。カシミール効果とは、真空中に接近させて置いた２枚の金属板の間に、引力が働くという現象である。オランダの物理学者、ヘンドリック・カシミール（図７－２、１７４ページ）が理論的に予想した。この現象も場の量子論を使って説明できる。その説明には真空のエネルギーというものが本質的な役割を果たすため、とても興味深い。

真空のエネルギーと言われても、イメージが難しいかもしれない。真空とは何もない空間のことであって、そこにエネルギーがあるとはどういうことだろう、と思うかもしれない。

だが、場の量子論によると、真空とは単に何もない空間ではないのだ。

場の量子ゆらぎ

例えば、電場や磁場は何もない真空中に存在することができる。電場や磁場はエネルギーを持っているので、本当の真空を考えるには、電場も磁場もない状態を考えるべきだろう。だが、場の量子論によると、電場や磁場を真空中でまったくなくす、ということができないのである。なぜならそこには量子論の原理が働くからだ。

図7-2　ヘンドリック・カシミール(1909-2000)
© Wikimedia

量子論には不確定性原理と呼ばれるものがある。読者もどこかで聞いたことがあるかもしれない。これによると、物体の位置や速さなどの物理的な量を、同時に完全に決まった値にすることが原理的にできないのである。

電場や磁場をまったくなくすということは、それらの値を完全にゼロにするということだ。だが、完全にゼロにするということは、それらを完全に決まった値にするということになる。

そういうことは不確定性原理で禁じられている。言い換えれば、必然的にゼロでないゆらぎが存在することになる。こうした量子論的なゆらぎを量子ゆらぎという。

量子ゆらぎが真空エネルギーになる

量子ゆらぎは、量子論に特有の現象だが、通常その値はとても小さい。ところが、真空中に現れる電場や磁場の量子ゆらぎは、空間の各点に存在する。ひとつひとつはとても小さくても、それらが無限に足し合わされることによって、無限大になってしまうのだ。

だが、真空のエネルギーそのものは実際に観測できるようなものではない。少なくとも、無限大のエネルギーが真空にあるならば、一般相対性理論の効果によって時空間が極端に曲がってしまうはずだ。それは実際の空間とは違うので、この真空のエネルギーは何らかの理由で小さくなっていると考えられる。だが、その理由はいまのところはっきりしていない。

一般相対性理論の効果と量子論の効果を統一的に表す理論というのはないため、この無限大の真空エネルギーの問題は現代でも完全に解決しているわけではない。現代物理学における未解決問題のひとつになっている。だが、結果的に打ち消しあっているにせよ、真空エネルギーそのものが存在することを否定するのは難しい。それを示す一つの根拠が、カシミール効果なのだ。

電場が両端で固定される

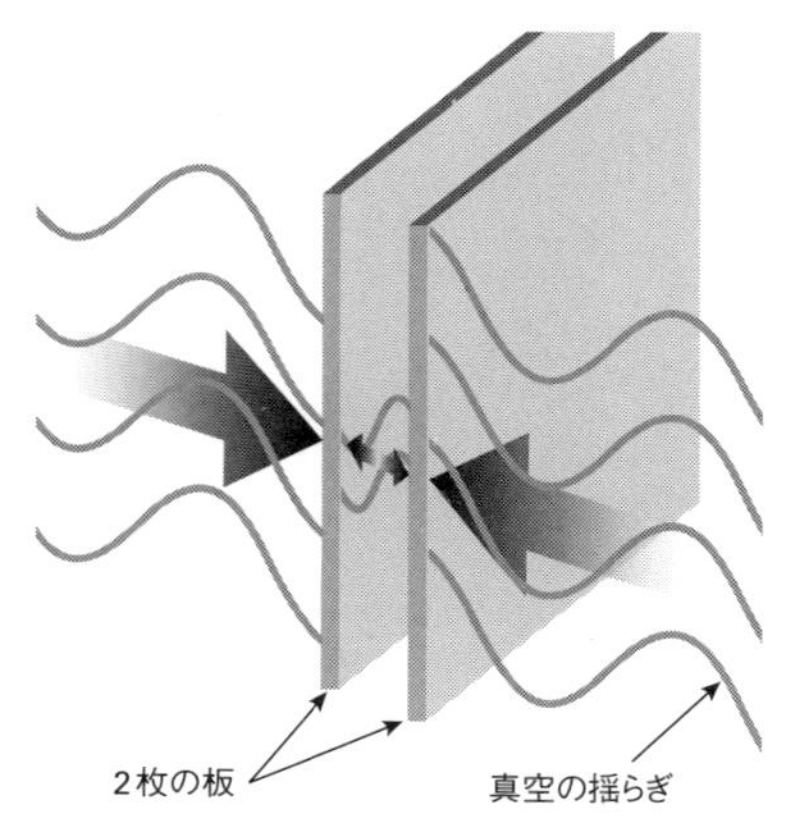

図7-3　カシミール効果。2枚の金属板を接近させて置くと、その間に引力が働く。
© wikimedia

カシミール効果が起きることは、場の量子論における真空エネルギーの存在で説明することができる。図7－3のように、真空中に接近させて置いた2枚の金属板を考える。金属板というのは電気をよく通すために、金属板の中には電場が生じない。もし電場が生じても、中にある自由電子が動いて電場を消してしまうからだ。したがって、2枚の金属板の間に電場と磁場の波（電磁波）が立つとき、両端では電場がゼロになるような波になる。

こういう波を定常波と呼ぶ。定常波の馴染み深い例は、弦を弾いた時に弦が振動する様子だ。弦は両端が固定されているので、その部分は動けない。いまの場合は、金属板が電場を固定している状況だ。

このように金属板により電場が両端で固定されていると、何もない場合に比べてその間の空間に存在できる量子的な真空エネルギーの量が減ってしまう。その量は、そこに立つ定常波の種類の数に比例する。

定常波の性質

その理由も、両端を固定した弦との類推で理解するとよい。両端を固定した弦を弾くと、全体が上下に振動して一定の音が出る。これを基本振動と呼ぶ。だが、ギターを弾く人ならよく知っているように、弦の真ん中を抑えて弾くと、1オクターブ高い音が出る。これは倍音と呼ばれるものだ。弦の中心と両端が動かずに、その間の2つの部分が振動することで、1秒あたりの振動回数が2倍に増える現象である。

さらに、弦を3等分する場所が動かずに振動すると周波数が3倍になって、もっと高い音が出てくる。これを3倍振動と呼ぶ。同様にして、4倍振動、5倍振動、などをつくることもできる（図7－4、178ページ）。

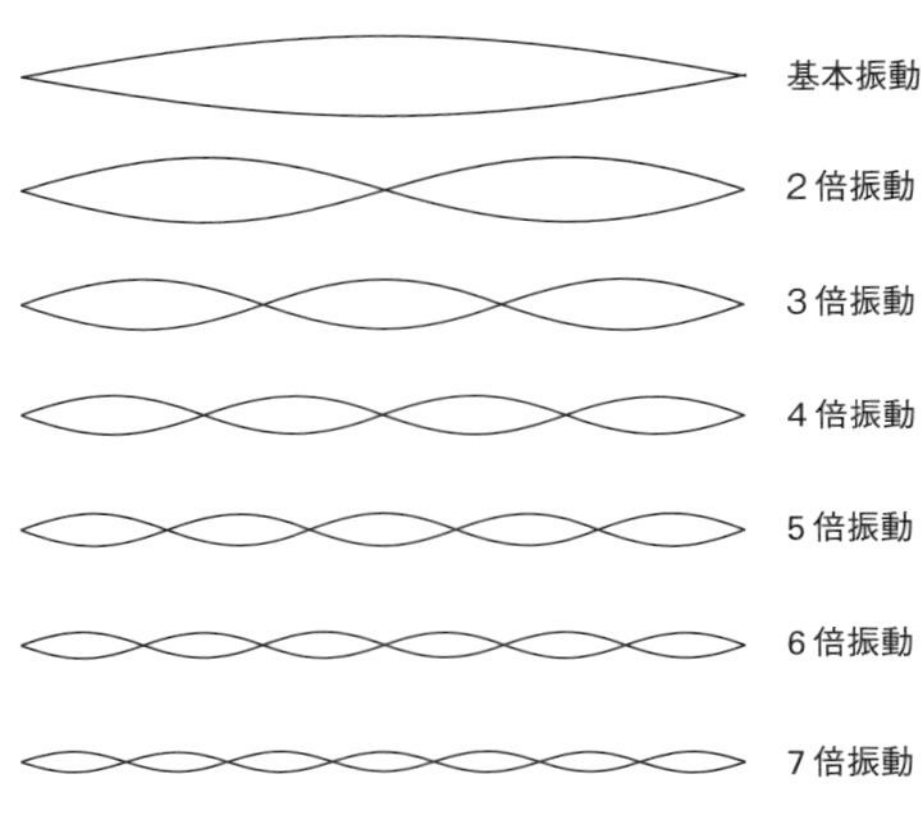

図7-4　倍音の説明。

金属板の間の空間でも同じことが起きる。その間の空間には定常波が立つことができる。基本振動の他に、2倍振動、3倍振動、などの高い周波数の波も立つことができる。真空であれば波は立たないようにも思えるが、そこは量子ゆらぎのために、完全にゼロにすることができないのだ。

量子ゆらぎのエネルギー

このように、金属板の間には限られた種類の定常波が、量子ゆらぎとなって存在する。電磁気学の法則により、電場が波として存在すると、そこには磁場も必ず存在する。したがって、この量子ゆらぎは電場と磁場の波、つまり電磁波に対する量子ゆらぎとなる。

その量子ゆらぎの持つエネルギーを計算してみ

ると、２倍振動のエネルギーは基本振動のエネルギーの８倍、３倍振動のエネルギーは27倍、４倍振動のエネルギーは64倍、などと増えていく。一般に n 倍振動のエネルギーは基本振動の n^3 倍となる。

これらのエネルギーを無限に足し合わせると、総エネルギー量は基本振動のエネルギーの

$$1+2^3+3^3+4^3\cdots\cdots$$

倍となり、この数は無限に大きくなる。だが、実際には金属板は原子でできているので、あまりに周波数の大きな電磁波は金属板のところで固定されなくなってしまうだろう。だが、そういう効果がどのような周波数で起きるのかということは、カシミール効果に影響しないのである。

奇妙な計算

奇妙なことに、ここに現れてきた無限の足し算を、ある数学的な極限をとることによって有限化することができる。それはゼータ関数と呼ばれる神秘的な関数を使うと導ける。する

と、右の無限の足し算はどういうわけか１２０分の１になる、という結果が得られる。明らかに無限になるものがそんな小さな数になるというのは変だが、それは数学的な意味での極限が関係している。

ここに現れてきた無限の足し算は、自然数の３乗をすべて足し合わせたものである。これを3乗ではなくて $-s$ 乗としたものをゼータ関数と呼び、$\zeta(s)$ という記号で表す。するとカシミール効果のエネルギーを表す右の無限の足し算は、ゼータ関数を使って $\zeta(-3)$ と表される。ゼータ関数は s が複素数の場合、だいたい有限の値を与えるのだが、マイナス３からほんのちょっとだけずれたところでの値が１２０分の１なのだ。つまり、右の無限の足し算は、ゼータ関数の s をマイナス３に近づけた極限が１２０分の１に近づく、というのが真相だ。

この極限を右に現れてきた無限大の代わりに用いて、そこからエネルギーと力の関係を使って2枚の金属板に働く力を計算することができる。実際にカシミール効果の実験を行うと、その結果と一致するのである。

いずれにしても最終結果は有限

無限大になるはずの和をゼータ関数によって有限化するという、少しびっくりするような計算が正しく自然界の姿を表している、というのは驚くべきことだ。だが、先ほども述べたように、本来はあまり高い周波数の定常波はエネルギーに寄与しないと考えられるので、その意味ではもともと有限なものを無限で近似しているとも考えられる。このとき、あまり高い周波数がどうなっているのかを知らなくても計算できてしまうのだ。

真空のエネルギーというのは直接的に観測できるようなものではない。計算の途中では無限大とみなされるような量が出てきても、最終的に観測可能な金属板間に働く力、という量については有限の値が求められるのである。

ただし、カシミール効果の計算は、ゼータ関数を使う方法だけが唯一の方法ではない。2枚の金属板の外にある空間における真空エネルギーを考慮して、ゼータ関数を使わずに導くことも可能だ。この場合は外にある空間の体積を有限にして、十分な遠方に適当な境界条件を置くことにより導かれる。外にある空間の体積は無限大だが、途中計算ではそれを十分に大きいが有限の量だとみなして計算し、最後に無限大の極限をとる。

また、真空エネルギーを使わなくとも、金属板に働く原子の間の力としてカシミール効果の力を導出できるという指摘もある。カシミール効果が実際に測定されたからといって、必ずしも真空エネルギーの存在が証明されたとまでは言えないようだ。だが、真空エネルギーによる説明がもっとも簡単な説明になっているのも事実である。

いずれにしても、計算の途中で無限大が出てくるような問題については、その無限大をどのように扱おうとも、最終的に観測可能な量については同じ結果を与えるという特徴がある。無限大は、私たちに測定可能な量から必ず隠されているのだ。

7・4　無限そのものを数学的に扱う

可能無限と実無限

ここまでに説明してきたように、物理学で扱われる無限大は、ほとんどの場合に有限の数がどんどん大きくなっていくイメージだと言える。このイメージの無限大は、最初から無限大というより、非常に大きいけれども有限の数を考えることに相当する。その有限の数を限りなくどんどん大きくしていくことができる、という意味での無限大なのだ。このような無限大は「可能無限」と呼ばれる考え方に属するものである。

これに対して、無限を最初から無限として考えたものは、「実無限」と呼ばれる考え方になる。どんどん大きくなるのではなく、最初から無限が無限そのものとして存在していると考える。

例えば、1、2、3……と続く自然数を考えてみよう。この数字がだんだん大きくなっていくと考えれば、それは可能無限だ。だが、自然数全体がそこに存在していると考えれば、それは実無限だ。つまり、自然数全体が集まったものがそこにある、と考えていることになる。

集合とは

自然数全体というのは、自然数をすべて集めた集合とみなすことができる。無限大を数学的に扱うには、この「集合」という概念が有用だ。これによって、無限大は単に非常に大きな数、というだけのものではなくなる。

集合、というのは要素を持っている。例えば、ある団体を人の集合とみなせば、その要素はその団体に属する人々のことだ。要素の数が有限であれば、集合というのは私たちが普通に思い浮かべることができる。だが、要素の数が無限になるような集合というのも考えることができる。その一例は先ほど述べた自然数全体の集合だ。

また、整数全体の集合というのも考えられる。自然数は1以上の整数のことであるが、整数はゼロや負の数も含んでいる。整数全体の中には、自然数全体も含まれている。

無限にあるものを数える

自然数全体の集合と、整数全体の集合を比べてみよう。その要素の数はどちらが大きいだろうか。整数全体の集合の中には、自然数がすべて含まれているのだし、また、自然数以外の数も含まれている。一見すると整数全体の方が自然数全体よりも数が多そうだ。

負の整数は自然数と同じだけあり、さらにゼロも整数の一つである。すると、自然数の数を2倍して1を加えたものが整数の数になりそうだ。だが、このような計算は有限の集合の場合にしか成り立たない。無限大を2倍しても無限大だし、無限大に1を加えても無限大だ。無限大の数を比較するというのは、有限の数を比較するのとわけが違う。

無限にあるものというのは、数を数えていっても永遠に数え終わらない。ここが、有限のものとは決定的に違うところだ。無限にあるものの数を数えるとはどういうことだろうか。

そこで、数を数えるということの根本に立ち戻って考え直してみよう。数を数えるというのは、数えるものに1、2、3、と番号を当てはめていくことだ。数が有限であれば、この操作はいつか終わり、その最後の数が個数になる。その操作がいつまでも終わらなければ、それは無限ということだ。

整数全体の数

このことを踏まえて、自然数全体の集合と、整数全体の集合を数えることを考え直してみよう。自然数全体を数える最も単純な方法は、1に1を当てはめ、2に2を当てはめ、という当たり前の操作を繰り返すことだ。一方、整数全体を数えるには、0に1を当てはめ、1に2を当てはめ、−1に3を当てはめ、2に4を当てはめ、−2に5を当てはめ、などとしていけばよい。一般的に言えば、正の整数 n に $2n$ を当てはめ、負の整数 $-n$ に $2n+1$ を当てはめる。こうして、すべての整数には番号が付けられる。

自然数全体の数も、整数全体の数も、すべての要素に番号が付けられるという意味では同じものだと言える。どちらも数え終わらないという意味では同じになってしまい、両者の数に区別をつけることはできない。こうして、それらは同じなのだと言えるのである。

明らかに整数全体は自然数全体をその一部として含んでいる。それにもかかわらず、その数を数えると同じものになってしまった。全体の数とそれに含まれる部分の数が同じというのは、有限の場合には起こらないことである。これが無限というものの不思議なところだ。

有理数全体の数

同じようにして、有理数全体の数というものも数えることができる。有理数とは分数で表すことのできる数である。そこで、分子と分母の整数を足した和が小さなものから順番に並べ、さらにもしその和が同じなら分母の数が小さなものから順番に並べる。それを端から数えていけばすべての有理数に番号を付けることができる。

つまり、有理数全体の数は自然数全体の数と同じなのである。有理数全体はもちろん自然数全体をその一部に含んでいる。自然数と自然数の間、例えば1と2の間には無数の有理数があり、明らかに有理数の方が数が多いように見える。だが、ものを数えるという観点から言えば、それらの数は同じになってしまうのだ。無限というのはこのように直感には合わないような恐ろしい性質を持っている。

実数全体を数えると

では、すべての無限大は数えられるという観点から見て同じものなのだろうか。実はそれが違うのである。整数や有理数の集合は、順番に数えていくことですべての要素に番号が振られた。だが、実数全体の集合を考えてみると、どう数えても番号の振られない要素が出てきてしまう。

つまり、実数全体の数という無限大は数えることすらできない無限大なのだ。その意味では、自然数全体や有理数全体という数えられる無限大よりも、さらに大きな無限大だと言える。

実数全体が数えることすらできないほど大きな無限大であるということは、カントールの対角線論法という方法で示すことができる。

実数全体でなく、0から1の間にある実数だけを考えてみよう。この区間の実数に限ったとしても、それを数えることはできないのだ。もし、これに反して数えることができたとしてみよう。すると、0から1の区間にある実数は順番に並べたリストができることになる。

例えば、

0.1083040609……
0.5880428552……
0.2487511038……
0.4729998707……
0.4822426736……
⋮

という具合だ。だが、このようにして並べた実数の列には含まれていない実数が必ず存在することが示される。その実数を具体的に作るには次のようにすればよい。

まず、一番右の列にある実数の小数点1桁目は1である。そこで、新しく作り出す実数の小数点1桁目に1以外の数を選ぶ。次に2番目の列にある実数の小数点2桁目は8である。そこで、新しく作り出す実数の小数点2桁目には8以外の数を選ぶ。同様にして、n番目の列にある実数の小数点n桁目にある数字と異なる数字を、新しく作り出す実数の小数点n桁目に選ぶ。

こうして新しく作り出された実数は、すでに並べられた実数のリストには含まれていない。なぜなら、その実数はそのリストにあるどの数とも、どこかの桁が必ず異なるからだ。これは、最初に作ったリストがすべての実数を含むという最初の仮定に反する。つまり、すべての実数を順番に並べたリストができるとすると矛盾を引き起こすので、そもそもそんなリストは存在しないのである。これは数学でいう背理法という論理だ。

したがって、０から１に含まれる実数の数は、いくら順番に数えようとしても数え落としが出てくる。つまり、数えられない無限大なのである。０から１の区間に限ってもそうなのだから、実数全体となれば、なおさら数えられない無限大になる。

つまり、実数全体という無限大は、自然数全体という無限大よりも大きいと言える。すべての無限大は同じものではなく、無限大の間にも大小関係が付けられることがわかる。

7・5 無限に挑んだ天才数学者

ゲオルク・カントール

無限大にも大きな無限大と小さな無限大がある……それは驚異的な発見だ。右に述べた無限に関する理論を展開したのが、ドイツの数学者ゲオルク・カントールである（図7－5）。

図7-5　ゲオルク・カントール（1845-1918）
© Wikimedia

無限大を実際に存在する実無限として扱い出した彼の研究は、数学界に大きな影響をもたらした。カントールは、数学における集合の概念を作り出して、それを元に無限の研究を行った。集合論は、狭い意味での無限の研究だけのものではなく、広く数学一般において、最も基本的な基礎をなす概念だと考えられるに至っている。

革命的な新しい理論を提唱する場合にはあり

がちなことだが、当初はカントールの研究に対して強い拒否反応が見受けられた。特に、かつてのカントールの指導者であったレオポルト・クロネッカーは、カントールの研究を認めなかったばかりか、学術雑誌にカントールの論文が掲載されないようにあらゆる手を尽くしたり、カントールが望んでいたベルリン大学教授の職に就けないように邪魔をしたりしたという。そのこともあり、カントールはハレ大学という二流大学の研究者にずっととどまらなければならなかった。

連続体仮説とは

さて、実数全体の無限大は自然数全体の無限大よりも大きいことがわかった。では、その2つの無限大の間に別の無限大はないのだろうか。カントールは、そのようなものはないだろう、と考え、その仮説を「連続体仮説」と名付けた。

実数というのは数直線の上に連続的に存在している数だとみなされる。そういう連続した無限大が、自然数全体というとびとびの数でできている無限大の次にくる無限大だ、というのが連続体仮説である。

連続体仮説はあくまで仮説であり、それが正しいかどうかは、数学的に証明しなければならない。カントールはその証明に熱心に取り組んだのだが、ついにはそれを証明することができなかった。

狂気を呼ぶ連続体仮説

１８８４年、カントールが39歳のときには、連続体仮説の証明がうまくいかない中で、彼は精神を病んでうつ状態に陥ってしまった。しばらくするとそこから立ち直ったが、その後も心の病はたびたび彼を襲い、ハレ大学精神科病院に入退院を繰り返すようになっていく。それは死ぬまで続いた。そして72歳で亡くなったのだが、そのときも精神科病院に入院中だった。

カントールが精神を病んだ理由ははっきりしているわけではない。クロネッカーにされた仕打ちが引き金の一つになっているとも言われている。だが、病状が悪化して抑うつ状態に陥る前には決まって、連続体仮説について考えていたのだという。実無限について考えることは天才を狂気に陥れるとでもいうのだろうか。

クルト・ゲーデルと連続体仮説

数学において不完全性定理という驚異的な定理を証明したことで有名なクルト・ゲーデルという天才数学者がいる（図７－６）。ゲーデルは不完全性定理を発見した後、カントールの連続体仮説についても深く考えて、その理解に大きな一歩を進めた。連続体仮説が成り立つと仮定しても集合論の他の公理との間に矛盾が生じないことを証明したのだ。

このことは、連続体仮説が正しいということを意味するわけではない。なぜなら、連続体仮説が成り立たないと仮定しても矛盾が生じないかもしれないからだ。その場合にはむしろ、連続体仮説は証明も否定もできない問題だということになる。ゲーデルはこの残りの部分も証明して、連続体仮説が他の公理系と完全に独立だということを示そうとしたが、果たせなかった。

そのゲーデルもまた、連続体仮説について考え始めてまもなく、やはり抑うつ状態に陥って

図７-６　クルト・ゲーデル（1906-1978）
© Wikimedia

いる。心を蝕まれながらも研究を進めていき、先述の発見をなし遂げたのだ。ゲーデルは晩年になると被害妄想に取り憑かれて、食べ物に毒が入っているのではないかと疑い、食事の量が減っていった。そして最後には自ら餓死してしまったのである。

連続体仮説は証明できない問題だった

1963年になると、米国の数学者であるポール・コーエンによって、ゲーデルのやり残した仕事が完成された。連続体仮説は証明することも否定することもできない問題だ、ということが証明されたのだ。つまり、標準的な数学の枠組みの中では、連続体仮説が正しいとしても正しくないとしても、どちらであっても矛盾が起きない。

これは、連続体仮説がユークリッドの第5公理と同じ性質のものであるということを意味している。それが成り立つとしても成り立たないとしても、それぞれの場合で矛盾のない数学体系を作り上げることができるのだ。

カントールは答えの出ない問題を解こうとしていたことになる。だが、標準的でない数学の枠組みを考えれば、連続体仮説は証明、あるいは否定できるかもしれない。その意味では、連続体仮説はいまだに謎に包まれている問題なのである。

第8章

もし宇宙が無限だったら

8・1 まったく同じ環境の宇宙

どこかに地球と同じような惑星がある

無限に続くような宇宙を数学的に考えることはできるが、無限の本当の意味を考えると頭がクラクラするような結論に導かれる。ここでは、無限に続く宇宙でどのようなことが起きるのかを考えてみよう。

まず、無限に続くということは、空間が無限に広いことになる。もし無限に広い宇宙が私たちのまわりと同じように続いているとしたら、その中にある星や銀河の数も無限個ということだ。星のまわりに惑星が回っているのはありふれたことなので、惑星の数も無限個になる。その中には地球のような惑星があるだろう。

太陽系以外の惑星というのが見つかってきたのはそれほど昔のことではない。初めて太陽系以外で惑星が見つかったのは1990年代のことだ。それまで見つからなかったのは、星に比べて惑星は小さすぎ、観測が難しかったためである。だが、精密な観測ができるようになって、最近では星が惑星を持っているのは割と普通のことだということがわかってきた。その中には地球と似た環境にあると考えられる惑星も見つかっている。

今のところは地球とまったく同じ環境になっていると確認された惑星が見つかっているわけではないが、星や惑星が無限個あれば、どこかには必ずあるはずだ。地球と環境が似ているからといっても、そこに生命が誕生する確率がどれくらいあるのかはわからない。だが、その確率はゼロではない。

宇宙人が無限人いる

一般に、可能性がいくら小さいことであっても、その可能性が厳密にゼロであるというのでない限り、無限回も試みれば必ずそれは実現する。しかも一回だけ実現するのでなく、無限回実現するのだ。実現することが期待できる回数は、それが起きる確率と試みた回数の掛け算で与えられる。どんなに小さな確率でも、そこに無限を掛け合わせれば、無限になる。

星のまわりを回る惑星に生命がいる確率は小さいかもしれないが、それはゼロではない。現に地球には生命がいる。したがって、惑星の数が無限個あったとすると、その中には生命の誕生する地球のような惑星が必ず存在する。しかも、その数も無限個になるのだ。

さらに、生命が生まれたからといっても、人間のような知的生命体、平たく言えば宇宙人、が生まれる確率はもっと小さいかもしれない。だが、ここでもやはり、無限個あればいくら小さな確率であっても実現する。

このように、私たちのまわりと同じような宇宙が無限に続いているとすると、宇宙人の生活している惑星が無限個存在することになる。つまり、宇宙人が無限人いることになるのだ。とんでもないことだが、私たちのまわりと同じような宇宙が無限に続いているというのは、そういうことだ。

あなたと瓜二つの宇宙人

宇宙人の住む惑星が無限個あるのならば、その中には地球とほとんど同じような惑星も無限個あり、人間と同じような姿形をした宇宙人がどこかにいるだろう。そんな確率はとんでもなく小さいだろうが、無限の宇宙ではどんなに小さな可能性でも必ず起きる。

つまり、第2、第3の地球がいくらでもあるのだ。その数も無限大なので、今度は地球とまったく瓜二つの環境が実現されている場所も必ずある。つまり、あなたとまったく同じ人間が生活している惑星である。ここまでくると、なんだか怖くなってくるだろう。

あなたとほとんど瓜二つだが、少しだけ異なっている宇宙人も無数にいる。それは例えば、尻尾が生えているかいないか、といった違いかもしれないし、どこかにホクロがあるかないか、といった違いかもしれない。

似ているところが増えれば増えるほど確率は減ってくるが、それでもゼロではない。無限の宇宙では、確率の小ささは問題ではない。極端には眉毛の本数が一本だけ少ないといった違いかもしれない。そして、究極的にはどこもまったく違うところがない、という宇宙人もいるはずだ。

環境もまったく同じ宇宙人

身体的な特徴が完全に同じでも、環境が少し異なっているかもしれない。取り巻く環境が違えば、それはあなたとまったく同じとは言えないだろう。だが、まわりの環境や社会的な状況から何から、ほぼ同じだったとすればどうだろうか。同じ人生の選択をして同じ人生を生きている可能性もゼロではない。ということは、無限の宇宙には必ずいる。

それでも、夜空に見える星の位置が違っているなどの軽微な違いはあるかもしれない。だが、無限の宇宙には何から何まで、微に入り細に入り、まったく同じ状況に置かれている人もいるはずだ。しかも、そのような人が無限人いるのだ。そら恐ろしい気もするが、無限の宇宙を考えると必然的にそういうことになる。

まったく環境が同じというのはどういうことだろうか。いま無限の宇宙を考えているので、どんなに極端なことでも許される。これ以上に違いがないというには、その人から見た観測可能な宇宙全体にわたってすべて同じであればよい。

まったく同じというのだから、その人にとっての宇宙の年齢も私たちと同じだ。つまり、現在の宇宙に同時進行していることになる。そういう場所はどこにあるのだろうか。信じられないほど確率が小さいのだから、すぐそばにあるとは思えない。そんな宇宙は信じられないほど遠くにあるはずだ。

可能な宇宙の状態の数

それがどれほど遠くの宇宙なのかを見積もった人がいる。スウェーデン出身でアメリカの物理学者、マックス・テグマークだ。

観測可能な宇宙全体において、原子が占める場所の組み合わせは無限にあるわけではない。なぜなら、粒子を無限に宇宙空間に詰め込めるわけではないからだ。物質が陽子でできていることを考えると、陽子はあまり狭いところにいくつも詰め込むことはできない。これはパウリの排他律と呼ばれる量子力学の原理だ。

したがって、観測可能な宇宙全体に詰め込むことのできる陽子の数には最大数がある。その数を大雑把に見積もると、10の１１８乗程度の数字が出てくる。１００京グーゴルだ。それらの数だけの場所に陽子があるかないかで、可能な宇宙の状態の数を見積もることができる。それは、１００京グーゴル回だけ２を掛け合わせたさらに巨大な数、すなわち、２の１００京グーゴル乗だ。

もちろん、陽子のあるなしだけで宇宙の状態が完全に決まるわけではないから、この見積もりは最低限の数を与えているとみなすべきである。また、これだけ大きな数になると、２のべき乗だろうが10のべき乗だろうがあまり変わらない。そこでこれを10の１００京グーゴル乗（すなわち10を10の１１８乗回掛け合わせた数）と見積もることにする。これは１グーゴルプレックスを１００京乗した数に等しい。

並行宇宙はどこにあるのか

宇宙の取り得る状態の数が大ざっぱに見積もられたので、同じ数だけの観測可能な宇宙を考えれば、そのうちの１つくらいは、私たちに観測可能な宇宙とすべて瓜二つになるものがあると期待できる。

観測可能な宇宙の体積は、大まかに４７０億光年の３乗程度だ。この体積に１グーゴルプレックスの１００京乗を掛けた体積中には、私たちと瓜二つのところがあると期待できる。その巨大な体積の３乗根をとると、そういう場所がどれくらい私たちから離れたところにあるのかという見積もりになる。

10の１００京グーゴル乗という数は巨大すぎて、そこに４７０億の３乗を掛けても掛けなくてもあまり変わらない。同じように３乗根を取っても取らなくてもあまり変わらない。さらに、それをメートルで測ろうが光年で測ろうが、やはりあまり変わらない。あまりに数が大きすぎて、１と４６０億の違いや、メートルと光年の違いすらも、取るに足りないものになってしまうからだ。また、３乗根をとったところで、１グーゴルプレックスの１００京乗が33京乗になるだけであり、それはあまりの巨大さに大した違いとは言えない。

こうして、私たちに観測可能な宇宙とまったく瓜二つの場所は、大ざっぱに１グーゴルプレックスの１００京乗メートルだけ離れたところにあると見積もられる。これがマックス・テグマークの見積もった値だ。

８・２――並行宇宙は同一のもの

瓜二つの宇宙

無限の前には、１グーゴルプレックスの１００京乗であってもゼロに等しいほど小さい。そんな無限の宇宙では、私たちに観測可能な宇宙と瓜二つの宇宙の範囲が、やはり無限個あることになるのだ。そこでは私たちの宇宙の範囲とまったく同じことが執り行われていることになる。

この場合、その宇宙の範囲は、私たちの宇宙の範囲と違うものだと言ってよいのだろうか。もし違うとしたら、どれが本物のあなたなのだ？　まったく同じものということは、どのようにしても区別がつかないということだから、それは同じものなのではないだろうか。そんな疑問が湧いてくる。

常識的には、いくら瓜二つだからといっても、信じられないほどの距離が離れているし、同じものだとはみなせないと思うかもしれない。だが、私たちの常識は経験に基づいている。

本当の意味でまったく瓜二つのものを日常生活で目にすることはない。

区別のつかない素粒子

私たちが目にするものは、いくら似ているからと言ってもどこかで何かしら違いがある。まったく同じ工程で作られたボールが2つあったとしても、見た目には似ているかもしれないが、目に見えないキズが付いていたりして、どこかしら違いがあるものだ。

ところが、これが素粒子のレベルであれば、まったく違いのない状況というのが作り出せる。素粒子というのは、ひとつひとつに個性がなく、その性質は完全に瓜二つのものなのだ。電子を例にとると、電子は質量と電荷という性質を持っていて、それは、どの電子を持ってきても寸分の違いもない。文字通りまったく同じものなのである。このことを実際に示しているのが、素粒子の統計的性質だ。

図8－1にあるように、2つの区別できるボールを箱に入れてから、その箱を乱雑に動かして中を覗くと、それぞれのボールが右半分にあるか左半分にあるかで4通りの結果がある。この4通りの結果は等しい確率で観察される。だが、ボールの代わりに素粒子を使って同じことをしたとすると、2つの素粒子が区別できないということから、その結果の数は3通り

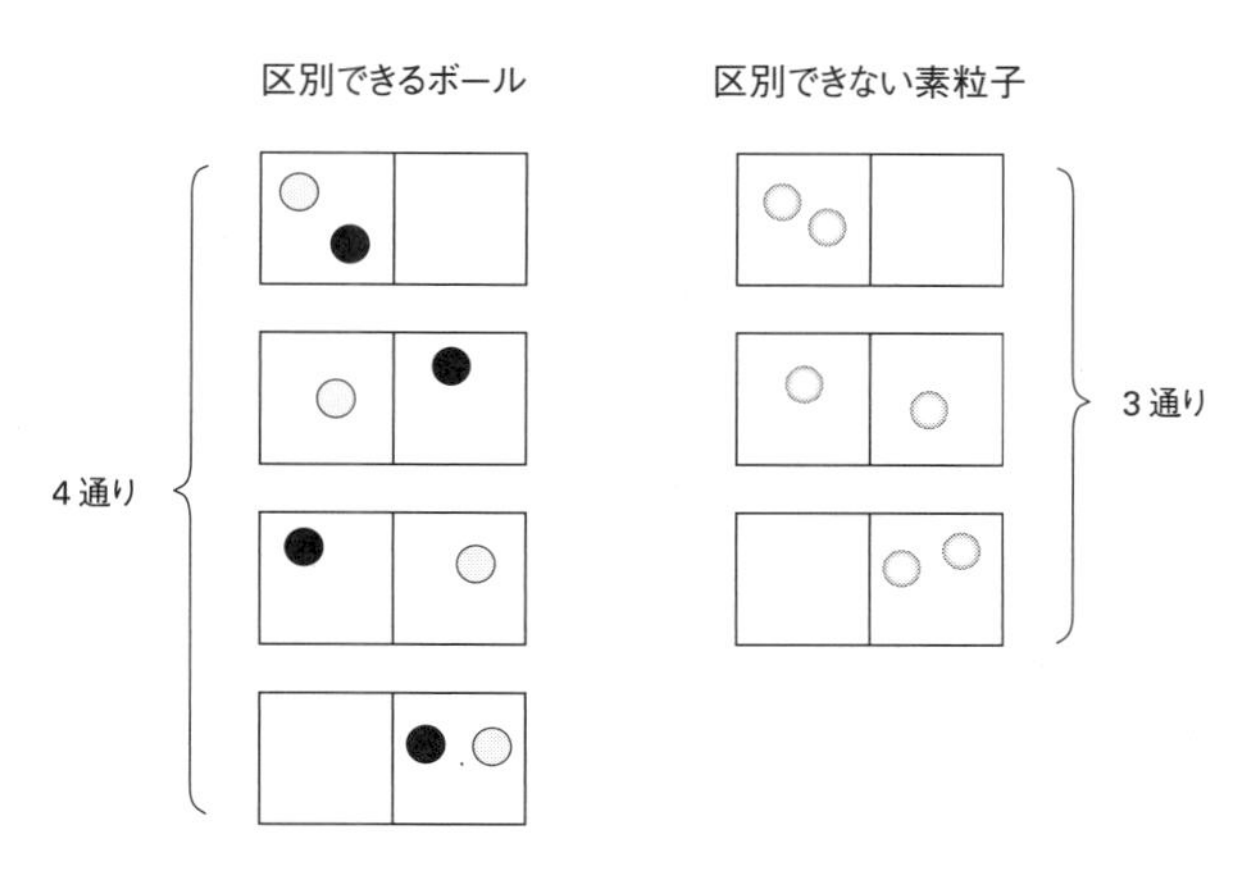

図８-１　素粒子はまったく同一であって、個性がない。２つのボールを箱に入れて乱雑に動かすと、ボールに個性があるために、それぞれのボールが右にあるか左にあるかで４通りの結果が同じ確率で起きる。だが、素粒子を使って同じことをすると、素粒子に個性がないために３通りの結果だけが同じ確率で起きる。

になってしまう。しかも、この３通りの結果が等しい確率で観察されるのである。

ここで、ボールの片方が右半分、もう片方が左半分に見つかる場合に着目しよう。区別のできるボールの場合、その場合の数は図にあるように２通りである。２つのボールを入れ替えると違う状態になるからだ。だが、区別のできない素粒子の場合、その場合の数は１通りしかない。２つのボールを入れ替えても同じ状態にとどまるからだ。

実際にこうした状況に相当する実験をしてみると、現実の世界の素粒子もいま説明したような確率的性質を持っていることが示される。それは、実際の素粒子というものが、本質的に完全に瓜二つで、区別のできないものであることを示している。

まったく同じ世界は同一のものか

このように、私たちの世界にはまったく瓜二つのものがあり、それらは単に性質が同じというだけでなく、同じ状況下に置けば2つの区別すらつかないものになってしまうのだ。2つを入れ替えても、入れ替えない場合と何の違いもない。

このことを踏まえて、観測可能な宇宙の状態がまったく瓜二つだという状況を考えてみよう。それらが素粒子のレベルでも区別がつかないものならば、2つの宇宙はお互いに区別のできない、完全に同一のものだと考えるべきであろう。

そう考えると、信じられないほど遠くにいる、あなたとまったく同じ人間は、あなたと別人ではない。完全に同じ人生を生きるあなたと同じ人間は、あなたと区別がつかない、あなたそのものである。はるか遠くに離れてはいるが、どちらも同じあなたであって、どちらが本当のあなたなのかという問いは意味を持たない。どちらも現実のあなたなのだ。

しかも、無限の宇宙では、そういうまったく同一のあなたが無限人いることになる。だが、それら無限人のあなたはお互いに区別がつかず、それゆえに同一人物である。無限のあなたが一つに重なり合って生きていることになる。

常識的な考え方からすると、かなりきついことだが、宇宙が無限に広がっているとすると、自然とそういう結論に導かれる。

8・3　重なり合う宇宙

同一だった宇宙が別物になるとき

無限の宇宙において、無限に重なり合ったあなたについてさらに考察を進めてみよう。私たちに観測可能な宇宙の範囲は、宇宙の地平線までの距離である470億光年を半径とする球の内部である。この球の半径は時間とともに少しずつ増えていて、現在は観測不可能な領域になっていても、時間が経てば少しずつ先まで見えるようになる。

例えば、1年後には、地平線までの距離が4光年ほど伸びる。これが1光年でない理由は、これまでにも出てきたように、光が私たちのところに届くまでに宇宙が膨張するからだ。

もし、現在のところは観測可能な宇宙の範囲で瓜二つの宇宙があったとしても、観測可能な宇宙の範囲が広がることにより、一般には違いが出てくるだろう。その時点で、その２つの宇宙は別物になる。

ほんの少し違う宇宙が無限に増殖する

すると、いままで重なり合っていた瓜二つの宇宙は、このときに２つの違った宇宙へ分裂することになる。どんなに些細な違いであっても、違いがあれば同一の宇宙とは言えないから、すべての瞬間ごとにこの分裂が起きていると考えられるだろう。

だが、観測可能な宇宙の範囲が広がっても、まだ完全に瓜二つにとどまるような宇宙が無限の宇宙にはどこかにある。もともと無限に重なり合っているので、それがいくら分裂しても、無限の重なりであることに違いはないのだ。

こうして、無限に重なり合った状況はいくら時間が経過しても保たれ続ける。その過程で、やはり無限の数の宇宙が分裂していき、私たちの宇宙とはほんの少し異なった宇宙がやはり無限に増殖していくことになる。その違いは、宇宙マイクロ波背景放射の温度ゆらぎのパターンが目に見えないほどわずかに異なる、などといった些細な違いしかないものもある。

あなたも分裂している

かなり奇怪な宇宙像に到達したが、宇宙が無限に続いているということを認めるならば、こうなることは避けられないように思われる。

つまり、無限に広がる宇宙では、並行宇宙が自然と現れてしまうのである。私たちに観測可能な宇宙と瓜二つの宇宙が無限にあるのであれば、私たちの宇宙とほんの少し異なる宇宙はそれ以上にある。それ以上といっても、もともとが無限なので、それよりいくら増やしても無限は無限だ。この宇宙で起きることが可能なことは、どこかで必ず起きている。

だが、その並行世界を覗き見ることはできない。隣の並行世界までの距離は少なくとも１グーゴルプレックスの１００京乗メートルも離れていて、私たちには手の届かないところにある。

そして、その瓜二つの並行世界に些細な違いが生じて、いったん２つに分裂してしまえば、それらは別々の宇宙の範囲となる。だが、分裂する前には、どちらの世界にも本物のあなたが住んでいたのだ。分裂した瞬間に、あなたは別の２人のあなたとして生きていくことになる。しかも、そのような分裂はいつでも起きているのだ。

第9章 有限と無限のはざま

9・1 インフレーション理論の示唆

無知あるところに無限あり

本当に宇宙が無限に続いているとすると、とても奇妙な宇宙像に導かれることがわかった。それはとても奇妙だが、私たちの常識では考えにくいだけで、何か観測できる事実と矛盾しているわけではない。それが宇宙の真実である可能性もあるが、とはいえ、そうした宇宙像が正しいのか確かめるすべがないのも事実だ。

私たちは、端の見えないとても大きなものを目にすると、その大きさが無限であると考える傾向にある。だが、私たちに観測可能な宇宙の半径は、たかだか４７０億光年に過ぎない。その限られた範囲の宇宙がどこも同じような構造をしているからといって、全体の大きさが無限だと思い、１グーゴルプレックスの１００京乗メートルなどという距離よりもさらに先の宇宙を考えたりするのが果たして妥当なことなのだろうか。

自分の住んでいるところから10キロメートルぐらいしか歩き回ったことのない人が、地面は真っ平らで無限に続いている、というのにとてもよく似ている気がするのは、筆者だけではないだろう。しかも、その無限に続く地面が自分の住んでいる付近と同じようになっていると考えているのだ。無限というと壮大な気がするが、逆に、何かとても視野が狭く感じられはしないだろうか。

それというのも、「無限」という言葉が「無知」と隣り合わせだからだ。第１章の終わりでも述べたように、私たちが無限という言葉を使うとき、それはあまりに大き過ぎて具体的な数字がわからなくなり、面倒になって使う場合が多い。「無知あるところに無限あり」、とでも言うべきだろうか。

第７章で述べた物理学における無限の取り扱いも、そのようなものだ。無限大が出てくるときには、何か背後に到達できない知識の限界があり、それを回避するために一時的に大きな有限の値を考えてなんとかするのである。

インフレーション理論の考え方

私たちのまわりと同じような宇宙が無限に広がっていると考えるのが、無知のなせる業であるとしたらどうだろうか。すると、私たちに観測可能な宇宙を大きく超えたところには、私たちの想像を超えた宇宙の姿が広がっていることになる。

物理学に基づく理論的可能性として、そのような宇宙も考えられる。宇宙のインフレーション理論によると、私たちの住んでいる宇宙は138億年前に小さな宇宙から急膨張して大きくなった。膨張の速さは光速を大きく超えていた。その急膨張のことをインフレーションと呼ぶ。インフレーションはごく短い間だけ続き、その後はもっと緩やかな膨張に転じた。

インフレーション理論はいまだ仮説であるが、私たちの宇宙が大きく見てなぜどこも同じような構造をしているのか、また、なぜ宇宙の空間曲率がゼロに近いのか、という疑問に対して答えを与えてくれる。どちらの疑問も、最初に起きた急膨張で説明できるのだ。簡単にいえば、最初に宇宙がデコボコしていたり曲率が大きかったりしても、急膨張によってそれが薄められてしまうからである。

インフレーションを起こす原因については諸説あるが、なんらかのエネルギーが一時的に宇宙に充満することが想定されている。このエネルギーは宇宙が膨張しても薄まることがない。一般相対性理論によると、そういうエネルギーは宇宙を急膨張させることができるのだ。

インフレーションと量子ゆらぎ

インフレーションは空間のどこでも同じように起きて、同じように終わると想定されるが、完全にどこでも同じであるというわけにはいかない。なぜなら、量子論の不確定性原理が適用されるからだ。そこには量子ゆらぎが存在する。これにより、インフレーションが終わる時刻に食い違いが生じることになる。

実は、この食い違いこそが、宇宙の中に構造を作り、星や銀河ができる原因となったとされている。インフレーションが終わったとき、空間には量子ゆらぎを原因とする密度のゆらぎができている。最初に少しでも密度がゆらいでいれば、それを種にして宇宙に構造が作られるのである。

このように、インフレーション理論には量子ゆらぎが組み込まれているのだが、観測可能な宇宙の範囲を超えた尺度にも量子ゆらぎは存在する。つまり、ある範囲ではインフレーションが終わっているが、そこから十分に離れたところではまだインフレーションが続いている、という状況が考えられるのである。

9・2 非一様な宇宙

大きな尺度で非一様な宇宙

ある範囲でインフレーションが続いているのに、そのまわりではインフレーションが終わってしまっているとしよう。インフレーションというのは光速を超えた膨張だから、インフレーションを続けている場所は他の場所と情報をやり取りできなくなってしまう。ある意味では別の宇宙になってしまうのだ。

このように、インフレーションが終わった場所と続いている場所が共存していると、広く見た宇宙全体がデコボコした非一様なものになる。私たちに観測可能な宇宙の範囲はとても一様だから、そんなデコボコはもっとずっと広い範囲を見た場合の宇宙の姿だ。つまり、私たちに見えている範囲の宇宙がどこも同じような構造をしているのは、この非一様な宇宙全体から見ると私たちのまわりだけだということになる。

カオス的なインフレーション

このような宇宙の描像は、全体的に混沌としたものになる。大きく見た宇宙は一様でも何でもなく、その混沌とした中に一様になっている部分がある、というに過ぎない。そういう一様な部分に私たちが住んでいることになる。こうした宇宙の描像を導くインフレーション理論を、カオス的なインフレーションという。

こうなると、私たちのまわりと同じような宇宙が無限に続いているという考えが成り立たなくなってくる。この場合にも、宇宙空間は無限に続いていてもよいが、どこまでも同じように広がっているというわけではない。

このような描像を導くインフレーション理論が正しいと実証されているわけではないため、宇宙がそうなっていると断言できるわけではないが、そういう可能性も想定されているということだ。無知あるところに無限あり、と考えるならば、こうした描像の方がもっともらしく思えてくるかもしれない。

インフレーション理論における宇宙の広さ

宇宙がどこまで同じように続いているかという問題と、宇宙空間が無限に続いているかという問題は、同じではない。遠くの宇宙が私たちのまわりとは様子が違っているにしても、宇宙空間自体は無限に続いているという可能性もある。この場合には、無限に存在する並行宇宙という奇怪な描像は現れてこないのだろうか。

いや、宇宙空間が無限に続いている限り、私たちのまわりと同じような場所が、そのどこかにあるだろう。カオス的なインフレーションの場合でも、全体として宇宙はデコボコしているが、局所的には一様な宇宙があちらこちらにある。その中には私たちのまわりと同じような場所もある。空間が無限に続いていれば、必ずそんなところがあるだろう。私たちのまわりだけが特別なのだと考えればその限りではないが、その考え方は歴史的に何度も否定されてきた。空間が無限に続いている限り、多重に重なり合った現実のような、奇怪な描像は避けがたいものがある。

カオス的なインフレーションの描像でも、宇宙が無限に続いているかどうかに結論は出ない。インフレーションが起きる前の宇宙が無限に続いていれば、インフレーションが起きても無限のままだし、有限に閉じていれば、有限のままだ。インフレーション理論というのは、すでに存在している空間が急膨張するという理論であって、宇宙自体が生まれた原因を明らかにしてくれるものではない。

9・3 ── 宇宙が生まれた理由とは

時間や空間は特別なもの

インフレーションで私たちの住んでいる広い宇宙ができたのだとしても、宇宙そのものが生まれた原因は他に探さなければならない。だが、宇宙が生まれるとはどういうことだろうか。宇宙とは、時間と空間、およびその中にある物質やエネルギーから構成されている。ある種類の物質が別の物質から生まれることは想像できるが、時間や空間は何から生まれるのだろうか。時空間が時空間以外のものから生まれ出るというのは想像を絶する。

物質と時空間の違いはなんだろう。それは、時空間というのが具体的に見たり触ったりできない存在だということである。どんな手段を使っても、時空間そのものを直接に測ることはできない。例えば、空間がそこにあることは、物差しで測ったり、光を飛ばしたりすればわかる。だが、それは空間を直接測っているわけではなく、物差しと他の物体の間の関係や、光の軌道と他の物体の関係などを測っている。いずれにしても空間以外のものの関係から数値を引き出しているに過ぎない。その意味で、空間というのは、常に間接的な存在だ。

時間についても同じことが言える。時間も具体的に見たり触ったりできない。必ず時計の役割を果たすものを持ってきて、他の物体などの動きと比べることで時間を測っている。

物体が本当にどこにもない状況で、空間だけがあるとか時間だけが流れている、という状況を思い浮かべることはできるが、そんな状況にどんな意味があるのかと考えだせば、とても奇妙な感覚に襲われる。このことからも、時間や空間の存在というものが、物質などの存在とは同列に語れないことがわかるだろう。

一般相対性理論における時空間

時間や空間がただそこに静かに横たわっているだけではない、という性質は相対性理論によって明らかにされた。時間や空間はもっと柔軟に変化することができるものだったのだ。一般相対性理論における時間や空間のイメージは、どちらかといえば物質的である。伸縮自在のゴム膜のようなイメージがよく描かれる。
だからといって、時間や空間を物質と同列に語れるようになったかといえば、そんなことはない。確かに、一般相対性理論の方程式の中では、あたかも時空間をゴム膜でもあるかのようなイメージで計算することが可能だ。だが、それは理解のための便法であって、時間や空間が他の物質などと異質であることに違いがあるわけではない。

量子論における時空間

そのことは、量子論のことを考えると、よりいっそう際立ってくる。本書では量子論について詳しい説明はしていないが、量子論の理論形式において、時間や空間を物質と同列の存在だと考えることはできない。時間や空間は、物質とははっきりと違う役割を果たしているのだ。

量子論は一般相対性理論と相性が悪い。一般相対性理論は時空間をあたかも物質の一種であるかのように扱うところがあるが、量子論ではそのようなことはない。これがひとつの原因となって、一般相対性理論と量子論を完全に融合した理論は完成していない。時空間を物質と同じように扱って量子重力理論を組み立てようとしても、矛盾が生じてうまくいかないのだ。

一般相対性理論では時空間も物質と同じようなイメージで捉えられるからといって、実際にはそれほど単純な話ではないことがわかるだろう。時空間の本質が何なのかは、現代物理学においても謎に包まれている。少しでもその謎に迫ろうと、ストリング理論をはじめとする最先端の理論的研究が行われているが、完全な解決までの道のりはかなり遠い。これについては、さらなる研究の発展が望まれている。

9・4 「無」からの宇宙創成と宇宙の広さ

「無」からの宇宙創成

したがって、現在のところ、時空間が生まれる様子を確実に描き出すことはできないのだ。そこで、宇宙がどうして生まれたのかを物理学的に研究しようとすれば、どうしても当て推量に頼らざるを得ない。統一はとれていないが、一般相対性理論と量子論を表面的に使って、宇宙の生まれる様子を推測するのだ。こうして考えられたのが、「無」からの宇宙創成という筋書きである。

この筋書きによれば、最初は時間も空間もなかった。時間も空間もない状態を、何と呼ぶのかわからないので、とりあえず「無」と呼んでおく。「無」には時間や空間はないが、時空間を生み出す能力は備わっている。それが何かと言われると困るが、人間には具体的に想像することのできない抽象的な存在である。「無」には時間も流れていないので、それがいつから存在するのか、という問いには意味がない。時空間がまだないので、私たちの常識で推し量ることのできない存在だ。

この「無」には量子論の原理が働いている。するとそこには量子ゆらぎがあるのだ。量子ゆらぎは無から有を生み出すことが可能だ。

例えば、真空の空間には量子ゆらぎしかないが、その量子ゆらぎは何もないところに粒子を生み出す。その粒子は、必ずそれと正反対の性質を持つ反粒子とともに生み出される。そして、すぐに粒子と反粒子は対になって消滅して、後にはなにも残らない。これが場の量子論によって考えられている、真空とその量子ゆらぎの直感的な様子である。

いま考えている、時空間のない「無」においても、量子ゆらぎによって宇宙が生まれたり消えたりしていると考えられる。そのような宇宙が何らかの原因によってインフレーションを起こせば、大きな宇宙になるだろう。これが「無」からの宇宙創成の筋書きだ。

有限なのに無限になる宇宙

このように「無」から生まれた宇宙の大きさが有限か無限かと言われれば、有限に閉じていると考えるのが自然だ。何もないところからいきなり無限の宇宙が生まれるとは考えにくい。したがって、「無」からの宇宙創成の筋書きを信じるならば、宇宙は全体として有限に閉じている公算が大きくなるだろう。

もちろん、「無」からの宇宙創成であっても、絶対に無限の宇宙が生まれないというわけではない。一見して有限の宇宙が生まれたように見えても、それが急激に大きくなっているのであれば、その中にいる人には宇宙の大きさが無限に見えることもある。

相対性理論では観測者によってどの時刻が同時であるのかが変化することに注意しよう。図9－1のように、外から見ていると有限に閉じた宇宙が生まれてそれが膨張しているように見えたとしても、中にいる人には曲線の場所が同時刻と見なされる場合がある。

この宇宙が無限に広がっていく場合、中にいる人にとって同時刻と見なされる場所をつないでいくと、それは無限に広いように見える。この宇宙は時間的な未来へ向かって無限に広

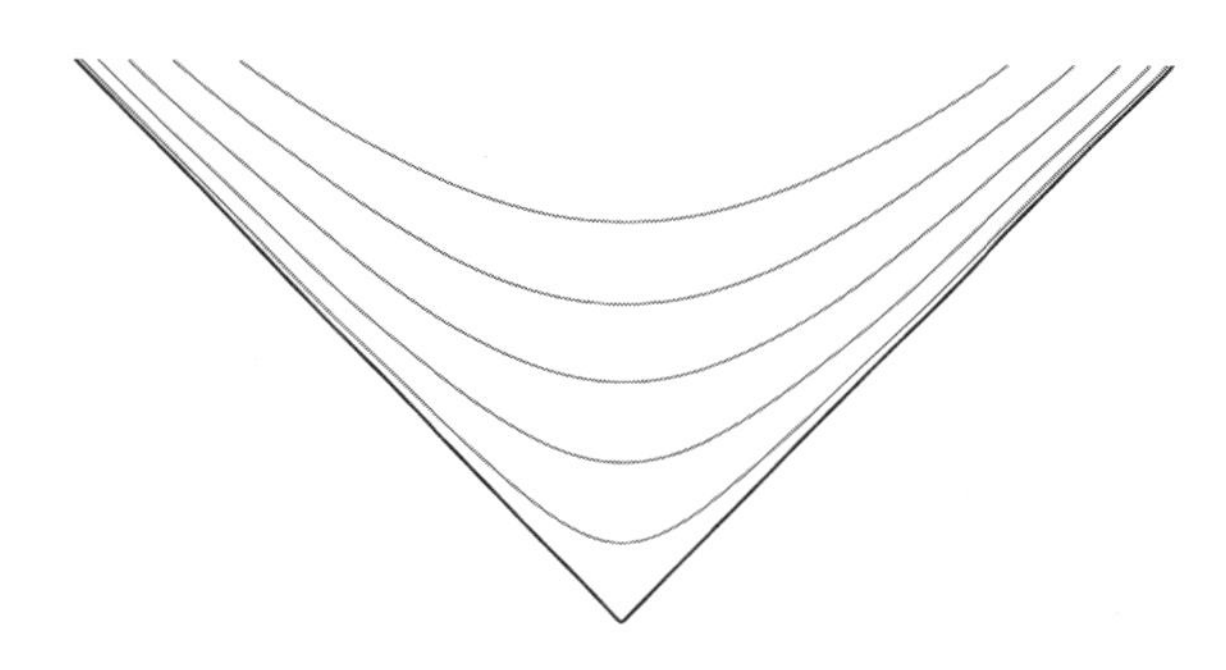

図９-１　外から見ると有限で閉じた宇宙が生まれて広がっていくように見えるが、内部にいる人には無限に開いた宇宙のように見える時空。

がっていくのだが、それを見る人によっては時間的な無限が空間的な無限に見えるのである。この場合、空間が無限に続いているということと、時間が未来に向かって無限に続いているということが同じ意味になる。

このように、「無」からの宇宙創成の筋書きが正しいとしても、必ずしも宇宙が有限に閉じているとは限らない。確かに、時空間が「無」から生まれたのならば有限に閉じている公算が高い。だが、宇宙が無限に続いているとみなせるような状態で宇宙が始まった可能性も否定できないのだ。

矛盾のない量子重力理論が知られていない中での当て推量という面もあって、確実なことは言えないが、宇宙創成を持ち出しても、宇宙が無限に続いているかという問題に決着はつかないようである。

いくつも宇宙が生まれる可能性

「無」から宇宙が生まれ出たとすると、生まれ出る宇宙がひとつしかないというのは不自然だ。時間や空間を超越した「無」に宇宙を生む能力が備わっているのなら、私たちのいる場所から連続的に繋がった宇宙の他に、それとは切り離されている別の宇宙がいくつ生まれても不思議ではない。むしろ、私たちの宇宙しか生まれない方が不思議だ。

カオス的なインフレーションは、非一様性によっていろいろな宇宙の部分を生み出すが、それは空間的につながった宇宙だ。だが、ここで考えている別の宇宙は、私たちの住んでいる宇宙から空間的にもつながっていない。

私たちの宇宙と空間的につながっていない宇宙がたくさんある……。そうなると、宇宙が無限に続いているのか、という私たちの疑問は新しい次元へ突入する。私たちの住んでいる宇宙空間を伸ばしていったものだけが宇宙のすべてではなくなるからだ。

いくつもの宇宙はどこにあるのか

「無」から量子ゆらぎによっていくつも宇宙が誕生したと言うと、いろいろな場所に宇宙がポコポコと生まれている様子を思い浮かべるかもしれない。すると、そのような宇宙を生んでいる「無」とかいうものが、新しい宇宙全体だと思うかもしれない。こう考えると、疑問は元に戻る。その新しい宇宙全体である「無」は無限に続いているのだろうか、と。

だが、宇宙と宇宙の間には時間や空間というものがないので、そのような想像は正しくない。あくまで時間や空間はひとつひとつの宇宙の中にしかないのだ。その意味では「無」には広さというものもない。広さとは空間があってこその考えなのだから。

いくつもの宇宙が「無」から生まれたとしても、その宇宙同士には通常の意味での距離のようなものはないのだ。私たちが普通に思い浮かべる距離とは、空間があってこそのものだ。空間がなければ距離もない。距離のないところに、広さもない。広さのない世界では、それが無限に続くもなにもない。それが「無」が無限に続いているかどうかという問いに対するもっともらしい答えのひとつではある。

第10章 情報の宇宙

10・1　確率的な宇宙

量子論は確率的なもの

「無」からの宇宙創成論は、宇宙の誕生を量子ゆらぎによって説明しようとする。量子ゆらぎがどうして現実の宇宙になるのかについては、微妙なところもある。量子論における量子ゆらぎというのは、現実と非現実の間に存在しているからだ。

量子ゆらぎというのは、実際に観測をすることによって初めて現実のものとなるのである。この辺は量子論の最もわかりにくいところだが、量子ゆらぎとは、何か現実に存在するもののゆらぎとは本質的に違うものなのだ。

例えば、量子論では粒子の位置と速さを同時に決めることができないのだが、それは人間がそれを知ることができないというだけのことではない。粒子の本性として、はっきりとそれらの値を同時に持つということ自体ができないのだ。観測を行うと、どちらかの値をはっきりと決めることはできる。だが、観測を行う前にその値が決まっていたわけではない。このため、量子論では粒子の位置や速さの値を確率的にしか予言できないのだ。

量子ゆらぎから作られた宇宙は曖昧な状態

量子ゆらぎというのは、量子論のそういう確率的な側面から現れる現象である。「無」においては、この量子ゆらぎの性質によって、宇宙があるかないかがはっきりしない曖昧な状態にある。宇宙が大きくなると、そういう量子的な側面が消え去って、現実に存在する宇宙になると考えられている。

だが、宇宙が現実化するという過程がどういうものなのかは、理論的にはっきりとしていない。量子論というのは実験結果を完全に説明できる理論であるが、その意味するところは謎に包まれている。測定結果を予言するという面ではとても優れた理論だが、測定するときに何が起きているのかを説明する理論にはなっていないのだ。

量子論においては、測定するまでは物事がはっきりしない曖昧な状態にあるので、量子ゆらぎから作られた宇宙も、測定するまでは存在しているのか存在していないのか、曖昧な状態にあるとも考えられる。

測定するまで現実が決まらない

量子論では粒子が存在しているのか存在していないのか、曖昧な状態にあるということも普通に起きる。例えば、真空中の量子ゆらぎで、粒子と反粒子ができたり消えたりしているという話を思い出そう。これは量子ゆらぎなので、そこに実際に粒子が存在していたのか存在していなかったのかは、量子的に曖昧な状態なのである。

粒子があるのかないのかを測定すれば、その時にはどちらかに決まる。だが、測定しなければ、粒子があるという現実とないという現実が重なり合った曖昧な状態にあるのだ。量子ゆらぎとは、このように現実と非現実が重なり合う、という側面がある。

いかにも奇妙に見えるが、量子論ではそのように考えて計算すると、あらゆる実験結果を正確に説明できるのである。測定するまで現実は一つに定まっていない、とも言える。測定する前から確固とした現実があるわけではないのだ。一見すると直感に反するかもしれないが、よく考えてみると、ある意味では自然なことなのかもしれない。

いつ現実の宇宙になるのか

このことを量子ゆらぎによる「無」からの宇宙創成に当てはめてみると、難しい問題が現れてくる。量子ゆらぎで作られた宇宙は、それが量子的であるために、それが存在する状態と存在しない状態の重ね合わせにある。それが現実の宇宙となるのはいつなのだろうか。

通常の量子論では、曖昧な状態が現実の状態になるのは、人間が測定を行ったときである。ミクロな世界を実験するとき、途中では複数の現実が重ね合わさった状態で推移するが、人間が測定を行えば、ひとつの現実が選び取られる。

このような通常の量子論を宇宙全体の量子論に当てはめると、難しい疑問が湧き起こる。もし、人間が測定するまで宇宙自体も曖昧な状態で推移するならば、人間が現れるまで宇宙は現実化しない、ということだろうか。

宇宙を作る実験などを誰もしたことがないので理論的な推測をするしかないが、標準的な量子論の解釈を文字通り受け取ると、宇宙を測定するものがいない限り、宇宙は現実化していない、と解釈することもできるのである。

もし、そのようなことが本当だとすると、宇宙は誰かが測定するまでは存在しないということになる。だが、測定する人とは一体誰なのだろうか。

現在の宇宙を測定しているのは私たち人間だ。宇宙に人間が現れて測定をし始めるまで、宇宙は存在しないとでも言うのだろうか。だが、人間が現れる前から宇宙が存在していたことは、火を見るより明らかなことだと思われる。では、宇宙を現実化したのは、人間ではなく動物なのか、植物なのか、はたまた何か非生物でもよいのか。疑問が尽きない。

10・2　無限に存在する並行宇宙

量子論の解釈問題

最後の疑問は、量子論の解釈問題という難しい未解決問題に関係している。量子論の曖昧な状態がどのようにして現実化するのか、という問題である。量子論をいろいろな現象に応用するときには、この問題には触れなくても済むようにできている。その意味では量子論はよくできた理論だ。だが、この問題が未解決であることもあって、量子論を本当に理解している人はいない、とまで言われることがあるのだ。

宇宙全体に量子論を使おうとするときには、この問題が表面化する。量子論の解釈問題が解決しないと、量子的に生まれた宇宙と現実の宇宙との繋がりがはっきりしないからだ。量子的な宇宙を考えると、解釈問題に踏みこまざるを得ない。

量子論の解釈問題がどう解決できるのかには、いろいろな説があって、どれが正しいのかわからない。実験してその成否を確かめられる問題ではないからだ。最近、量子的な宇宙の研究者に比較的人気が高い説として、多世界解釈というものがある。

多世界解釈とは

量子的に重なり合った複数の可能性は、人間が測定を行ったときにひとつに選び取られるのだと説明した。多世界解釈では、それらの可能性はひとつに決まってしまうのではなく、実際にはどの可能性も異なる現実として存在し続けるのだ、という。

つまり、人間が何か測定を行うと、量子的に存在した複数の可能性はすべて実現し、その可能性の数だけ、別々の結果を測定した世界に分かれるのだという。測定しているひとりの人間は、測定を行った瞬間に別々の世界に属するようになって分裂する。

かなり奇妙な世界観だが、そう考えると量子論の不思議な現象がことごとく説明できるようになるのである。この考え方はあまりにも奇妙なので、当初はあまり支持者も多くなかった。だが、量子的な宇宙創成を考える研究が進められていく中で、この解釈を徐々に受け入れる研究者も増えてきたのだ。

無限個の並行宇宙

もし多世界解釈が正しいとすると、「無」から作られた宇宙は、現在でも量子的に重なり合っていることになる。量子的な重なり合いには、あらゆる可能な出来事が含まれているから、宇宙で起こり得るありとあらゆる可能性が、すべてその中には実現していることになる。

膨大な数の並行宇宙があり、その中のひとつの宇宙に私たちが住んでいることになるのだ。だが、その並行宇宙は私たちの住んでいる宇宙とはなんの繫がりもなくなっているので、私たちはその存在に気づくことができない。

その並行宇宙は、宇宙ができたときから私たちの宇宙と分離しているものもあるし、途中までは私たちの宇宙と同一だったのに、ある時点から分離したものもある。それらは現在の宇宙では繫がりあっていないが、過去までさかのぼるならば、どこかで繫がりあっていると言うことも可能だ。

過去に繋がりあっていた並行宇宙も含めてしまえば、宇宙は無限に続いていることになる。多世界解釈の並行宇宙は無限個あると考えられているからだ。だが、その並行宇宙は現在の宇宙空間としては繋がっていない。空間的につながっていない宇宙は含めない、と言うなら、並行宇宙の存在をもって宇宙が無限に続いている、とは言えなくなる。

10・3　シミュレーション宇宙

逆に宇宙がひとつもないとしたら

多世界解釈による並行宇宙の存在は、量子論の解釈問題におけるひとつの説に過ぎない。最近の人気が高まっているといって、それが正しいという保証はない。そこで、今度は多世界解釈とは正反対の解釈を考えてみよう。

多世界解釈は、可能な現実はすべて存在する、という気前のよい理論だ。だが、測定もできない世界を無限に増殖させることになんの意味があるのか、という疑問も当然ながら生じる。これに対して、伝統的な量子論の解釈では、宇宙はひとつしかない。この伝統的な解釈では、宇宙がいつ現実化するのかという点が曖昧だ。

そこで、さらに別の考え方をしてみよう。宇宙がひとつしかない、というのと、たくさんある、というのを考えてきたので、それ以外となると、宇宙がひとつもない、ということになる。明らかに宇宙は存在しているように見えるのに、それを否定するのだ。そんな考えが成立するのだろうか。

宇宙がひとつもない、ということは、私たちが住んでいるこの宇宙もない、ということになる。この世の中のものはすべて見せかけで、すべては無であり色即是空だという般若心経の世界観である。

シミュレーション仮説

宇宙がひとつもない、という可能性としてわかりやすい例は、シミュレーション仮説である。この宇宙全体が、超高性能のコンピュータによってシミュレートされたものだという仮説だ。もし、そうであれば、私たちの宇宙は仮想的なものであって、私たちが思うようには存在していないことになる。その意味で、宇宙はひとつもない、と言えるのである。

私たちが思い浮かべるような既存のコンピュータでは、性能が低過ぎてそのようなことは不可能だ。だが、量子コンピュータなどの新しい技術が極限まで進めば、その能力は信じられないほど高くなる可能性がある。想像もできないほど高性能のコンピュータがあれば、実質的に私たちに観測可能な宇宙全体をシミュレーションで作り出せないとは言えない。

コンピュータが世界をシミュレートするとき、その世界の時間や空間も仮想的なものだ。シミュレーション中の時間は実際の時間と同じである必要はないし、空間にいたってはコンピュータの中に展開された仮想的なものでしかない。

超コンピュータが時空間を生み出す

現代のコンピュータでも、3次元空間をシミュレーションで作り出すことができる。その空間はまさに仮想的なものであり、コンピュータのメモリ上に展開された情報以上のものではない。現代のコンピュータにおいて、メモリは1次元的に配列された巨大な情報の集まりである。その情報を組み合わせることで、仮想的な3次元空間がコンピュータ内部に構成される。

宇宙を超越した信じられないほど高性能のコンピュータのようなもの、超コンピュータ、によって、この宇宙がシミュレートされていると考えてみよう。その超コンピュータの動作原理は、私たちがよく知っているコンピュータと同じである必要はない。時間や空間も、その超コンピュータの中に構成された仮想的なものだと考えることが可能だ。

すると、私たちに馴染み深い時空間という存在も、超コンピュータの動作する世界にはないことになる。時空間のないところで動作する様子など思い浮かべられないが、コンピュータというのは情報を処理して計算することができればよいのであって、時空間がなければ計算できないということはない。

時空間というものが、情報処理の中から生み出されてくる仮想的なものであるなら、宇宙がひとつしかないのか複数あるのか、という問いには意味がない。もともと存在しないのであり、この宇宙は情報のやり取りにしか過ぎないのだから。

10・4　情報だけでできた宇宙

情報のやり取りや処理だけ

ここでは話をわかりやすくするためにシミュレーション仮説を取り上げた。その話だと、なにか超知性のようなものが超コンピュータを作ってシミュレーションをしているようなイメージになってしまう。だが、その超コンピュータは誰が作ったものでもなく、もともと自然界に組み込まれていたものだとしたらどうだろうか。

つまり、自然界の基本的なものは情報のやり取りや処理であって、すべてはその中に埋め込まれた幻想だという可能性である。時間や空間もその中にのみ現れる見かけ上のものであって、実際には私たちが思い描くようには存在していないことになる。

こうした宇宙像は、量子論や相対性理論に造詣の深いアメリカの物理学者、ジョン・アーチボルド・ホィーラーが考えていた。彼はもともと多世界解釈の支持者だったのだが、のちにそこから離れていった。

そして、宇宙の本質は情報であって、すべてはそこから生まれ、それ以上でもそれ以下でもないという考えに到達したのである。情報がすべてを生み出しているのであって、時空間すらも私たちの考えているような形で存在するのではない、という。情報の宇宙だ。

情報宇宙における量子論

宇宙が情報からすべて作り出されたものだとするならば、物事の存在についての考えを根本的に改めなければならなくなる。私たちが直感的に「ある」と思っているものは、実際にはその通りにあるわけではない。

そのことはすでに量子論において示唆されていた。ミクロの世界では粒子の状態というのが直感的に把握できるようなものではないのだ。それも、情報宇宙の考えから見れば、もともと粒子などというものは存在していない仮想的なものなのであるから、特に驚くべきことではなくなる。

量子論の解釈問題もそれほど不思議なことではなくなるだろう。もともと世界は存在していないのであるから、人間が測定を行うということは情報のやり取りでしかない。測定する前に粒子の状態がどうであったかなどと思い煩う必要はないのだ。

そして、測定すると複数の現実が重なりあった状態がひとつに定まるように見えるとしても、現実自体が存在しない仮想的なものなのだから、それも見せかけのことだ。つまり、現実が存在しているように見えるのは、人間の頭の中における情報処理の結果として、作り上げられたものだということになる。ちなみに、人間の頭自体も情報の中に生まれた見せかけのものだ。

時空間は幻想か

ホィーラーが言うように、時空間が量子論的な情報の中から現れる二次的なものであるならば、時空間を物質と同じように考えて単純に量子論を当てはめても、うまくいかないことは当然かもしれない。

実際、重力の完全な量子化を目指すストリング理論の研究においても、ホログラフィー原理と呼ばれる考え方が研究されている。この考え方によると、空間の次元というものは普遍的な存在ではない。例えば、3次元空間で起きていることは2次元の面で起きていることと数学的に等しいというのだ。私たちは3次元空間に生きているように感じているが、それは2次元の面の上で起きていると考えられる、というのである。

しかも、その2次元面で起きていることの中には重力が含まれていないのだ。一般相対性理論でせっかく記述できるようになった3次元空間の重力だが、実際には存在しないものだったのかもしれない。

こうなると、私たちが動き回っている3次元空間そのものが、ある種の幻想であるとも考えられる。ストリング理論はまだ発展途上の理論なので、そのことが時空間の本質とどう関わっているのかまだあまり明らかではないが、時空間というものが何か量子的な情報から現れてくる二次的なものだ、という考えを裏付けるような展開である。

情報宇宙は無限に続いているのか

情報宇宙の考え方はかなり極端であるし、具体的にそのような考え方による完成された物理理論があるわけでもないが、それを否定することも現段階では難しいであろう。ここでも、別に情報宇宙が宇宙の真実だと主張しているわけではない。だが、もし情報宇宙の考え方が正しく、私たちの思い描くような宇宙はひとつも存在しないのだとすると、時間や空間も存在しないことになる。

この場合、時間も空間もないのだから、宇宙が無限に続いているのかという問題も意味がなくなる。空間というものは、情報を処理する過程で現れてきた二次的なものであって、それがどこまで広がっているかというのは、情報がどこまで広がっているかによる。情報のないところに空間もないのだから。

観測可能な宇宙の範囲を超えたところからは情報がやってこない。その意味では、私たちにとっての情報の広がりは、観測可能な宇宙の範囲に限られる。観測可能な範囲を超えたところには、私たちに関係する情報は何もないのだ。情報のつながりがなければ、もともと存在しないのであるから、見かけ上であっても、私たちにとっては存在していると言えなくなる。つまり、空間は観測可能な宇宙の範囲で終わりだ。

情報は相対的なもの

宇宙が途中で終わっていることが奇妙に思えるのは、そこへ行ったら何が見えるのかという疑問が湧くからである。なにか壁のようなものがあって、「ここで宇宙は終わり」と書いてあったりしたら驚く。だが、壁があればその向こう側を覗いてみたくなるのが人の心であって、疑問が尽きなくなるのだ。

だが、私たちにとっては観測可能な宇宙の果ての場所でも、そこに住んでいる宇宙人がいるかもしれない。その宇宙人にとっての観測可能な宇宙は、私たちのものとは別である。彼らにしてみれば、私たちの方が観測可能な宇宙の果てに住んでいるのだ。

したがって、私たちの情報の範囲と彼らの情報の範囲は異なる。情報宇宙では、情報自体が相対的なものであって、宇宙全体に共通した情報というものを想定することはできないだろう。その意味では、ひとつの宇宙だけを進行させるようなシミュレーションとは違い、もっと複雑に情報が錯綜した状態を考えるべきであろう。実際、量子論では複数の現実が重ね合わさった状態で物事が進行するのだし、相対性理論では時空間自体の見かけが観測者によって異なるのだから。

意味がないことに意味がある

宇宙のすべてが、複雑に錯綜した相対的な情報から現れてきた幻想であるなら、私たちの見ている宇宙は情報そのもの以外のなにものでもない。宇宙は見た目通りに存在しているわけではないのだから、宇宙が無限に続いているのか、と考えることは、針の上には天使が何人乗ることができるのか、という類の問いになってしまう。

問いには意味がない、というのもその問いに対する意味のある答えなのだ。物理学の発展の歴史では、そういうこともよくあった。天動説で天球を回している力はどこから生まれるのか、という問いや、電磁波を伝える物質であるエーテルとは何なのか、という問い、また電子が原子の中でどういう軌道をたどるのか、という問いなどは、結果的に意味のないものだった。というのも、考えている対象そのものがなかったのだ。

問いが意味を持たない、とわかるとき、それは考え方を根本から変更するパラダイム・シフトが起きるときだ。先の例では、地動説の発見や相対性理論の発見、そして量子論の発見につながった。もし、宇宙が無限に続いているのか、という問いに意味がないとしたら、それは私たちの考え方を根本から覆さなければならないことを意味しているであろう。

最後に述べた情報宇宙の話は、かなり想像をたくましくしたものであり、学問的な根拠がそれほどあるわけではない。したがって、読者はいまのところ、この問題について自由に想像を巡らせることができる。それはそれで、楽しみが残されているという意味ではよいことではなかろうか。

宇宙が無限か、という答えの出ない疑問にまつわるいろいろな宇宙の側面を考えてきたが、現代の物理学ではその成否を知り得ない、ある意味で究極の宇宙の姿にまで到達した。この話もそろそろこの辺で終わりにしておこう。さらにその先まで考えることは、読者の自由な想像力にお任せしたい。

あとがき

宇宙が無限かどうかという問題について様々な角度から眺めてきましたが、いかがだったでしょうか。私たちは無限という言葉を安易に使いますが、無限というものの本当の意味を考えると、そら恐ろしくなってきたのではないでしょうか。

宇宙の大きさについて語るときには、常に無限の可能性が出てきます。宇宙の大きさに限りがないというなら、無限だということになるからです。しかし、有限でないはずだから無限だ、というのがいかに安易なことなのか、本書を読んだ読者には実感が湧いたのではないでしょうか。かくいう筆者自身も、無限というもののそら恐ろしさに打ち震えながら本書を執筆してきたところがあります。

無限というものを実際に見た人は誰もいません。無限というのはいつも人間が頭の中で考えるものでしかありえません。無限というのは容易に人間が近づけるようなものではなく、そこにはなにか神々しささえ漂っています。それはもはや、人間を超越した存在だからです。天才数学者を狂気の淵に沈める連続体仮説やその解決不能性は、この問題が人間離れしたものであることを物語っているのかもしれません。

そうなると、宇宙が無限かどうかを確かめることもやはり、人間離れした問題なのかもしれません。宇宙が有限であると証明されない限り、宇宙が無限であるかどうかに決着をつけることはできないのでしょうか。

しかし、宇宙の姿を理解するのに先入観は禁物です。頭の中だけで考えた宇宙の姿というのは、宇宙のくわしい観測によって覆され続けてきました。天動説から地動説への転換もそうでしたし、永遠不変の宇宙からビッグバンによって始まる膨張宇宙への転換もそうでした。私たちは私たちに知られている宇宙の姿だけから宇宙全体の姿を想像しますが、それがそのまま正しいことはなかったのです。

現在の私たちも、昔の人よりは宇宙を理解していると思っていますが、今後の観測の進展によっては、現在の宇宙観も安泰ではありません。宇宙が無限かどうかという問題も、予想もつかない形で解決される日が来るかもしれません。本書で述べてきたように、それがどのような形でやってくるのか、ありうる可能性を想像してみるのもまた楽しいでしょう。

本書が構想されたのは、前著『図解　宇宙のかたち　「大規模構造」を読む』のタイトルを考えていたときでした。編集者の小松現氏が、この前著のタイトルに「無限」という言葉を入れてみたらどうだろうか、と言ったのです。しかし、前著の中には無限の話題がほとんど入っていなかったので、その案は結局採用されませんでした。ただ、宇宙は無限かどうかというのは、それはそれで面白い話題です。それならば、そのテーマで最初から別の本を書いてみたい、と強く思いました。それがこの本の生まれたきっかけです。いつも光文社新書での出版には編集を担当してくださり、またアイディアを提供してくださっている同氏に感謝します。

筆者にとって、この本の執筆はとても面白いものでした。普段の研究では考えないようなことを考えられましたし、ときには無限の恐怖に襲われつつも、楽しんで執筆してきました。読者にとっても、読むのが楽しい本に仕上がっていることを祈りながら、この本を皆さんのもとへ届けたいと思います。

２０１９年11月

松原隆彦

参考文献

足立恒雄著『無限の果てに何があるか』角川ソフィア文庫

アミール・D・アクゼル著、青木薫訳『「無限」に魅入られた天才数学者たち』早川書房

イアン・スチュアート著、川辺治之訳『無限』岩波書店

エドワード・ハリソン著、長沢工訳『夜空はなぜ暗い？　オルバースのパラドックスと宇宙論の変遷』地人書館

大栗博司著『重力とは何か』幻冬舎新書

小島寛之著『無限を読みとく数学入門』角川ソフィア文庫

堀源一郎著『ゼロと無限大』朝日出版社

中村士、岡村定矩著『宇宙観５０００年史』東京大学出版会

野村泰紀著『マルチバース宇宙論入門』星海社新書

Bernard Carr (ed.), “Universe or Multiverse?”, Cambridge University Press, 2007

N. Cornish, D. Spergel & G. Starkman, “Circles in the Sky: Finding Topology with the Microwave Background Radiation”, Class.Quant.Grav. 15 (1998) 2657–2670

J. B. Hartle, S. W. Hawking, “Wave function of the Universe”, Phys. Rev. D28, 2960

S. W. Hawking, N. Turok, “Open Inflation Without False Vacua”, Phys. Lett. B425 (1998) 25–32.

R. L. Jaffe, “The Casimir effect and the quantum vacuum”, Phys. Rev. D72 (2005) 021301.

Max Tegmark, Science and Ultimate Reality: From Quantum to Cosmos, honoring John Wheeler’s 90th birthday, J.D. Barrow, P.C.W. Davies, & C.L. Harper eds., Cambridge University Press (2003)

Planck 2013 results. XXVI. Background geometry and topology of the Universe, Planck Collaboration, Astron. Astrophys., 571, A26 (2014)

Planck 2015 results. XVIII. Background geometry and topology of the Universe, Planck Collaboration, Astron. Astrophys., 594, A18 (2016)
Planck 2018 results. VI. Cosmological parameters, Planck Collaboration, submitted to Astronomy & Astrophysics, arXiv:1807.06209
John. A. Wheeler, "Information, physics, quantum: The search for links", in W. Zurek (ed.), Complexity, Entropy, and the Physics of Information, W. Zurek (ed.), Addison-Wesley, 1990

本文図版制作　デザイン・プレイス・デマンド

松原隆彦（まつばらたかひこ）

1966年長野県生まれ。高エネルギー加速器研究機構（KEK）素粒子原子核研究所・教授。京都大学理学部卒業。広島大学大学院理学研究科博士課程修了。博士（理学）。東京大学大学院理学系研究科、ジョンズホプキンス大学物理天文学科、名古屋大学大学院理学研究科などを経て現職。井上科学振興財団・井上研究奨励賞および日本天文学会・林忠四郎賞などを受賞。著書に『宇宙に外側はあるか』『宇宙はどうして始まったのか』『目に見える世界は幻想か？』（以上、光文社新書）、『現代宇宙論』『宇宙論の物理（上・下）』（以上、東京大学出版会）、『大規模構造の宇宙論』（共立出版）、『私たちは時空を超えられるか』（サイエンス・アイ新書）などがある。

宇宙は無限か有限か

2019年11月30日初版1刷発行

著　者 —— 松原隆彦
発行者 —— 田邉浩司
装　幀 —— アラン・チャン
印刷所 —— 萩原印刷
製本所 —— ナショナル製本
発行所 —— 株式会社光文社
東京都文京区音羽1-16-6(〒112-8011)
https://www.kobunsha.com/
電　話 —— 編集部03(5395)8289　書籍販売部03(5395)8116
業務部03(5395)8125
メール —— sinsyo@kobunsha.com

 ISBN 978-4-334-04445-9

1033
データでよみとく
外国人〝依存〟ニッポン
NHK取材班

新宿区、新成人の2人に1人が外国人――。外国人の労働力、消費力に〝依存〟する日本社会の実態を豊富なデータと全国各地での取材を基に明らかにする。

978-4-334-04432-9

1034
売れる広告　7つの法則
九州発、テレビ通販が生んだ「勝ちパターン」
電通九州・香月勝行
妹尾武治
分部利紘

「作品」としての「広告」ではなく「売れる」広告を作るには？通販広告のプロと心理学者2名がタッグを組んで、「売れる」鉄板法則と「A・I・D・E・A（×3）」モデルを徹底解説。

978-4-334-04442-8

1035
生命保険の不都合な真実
柴田秀並

人の安心を守るために生まれた生命保険が、人の安心を奪う――。大手や外資、かんぽ生命などの相次ぐ不祥事の背景にある、顧客軽視の販売構造と企業文化を暴く。

978-4-334-04443-5

1036
恥ずかしながら、詩歌が好きです
近現代詩を味わい、学ぶ
長山靖生

詩を口ずさみたくなるのは若者だけではない。歳を重ねたからこそ心に沁みる詩歌がある――。時代を作ってきた近現代詩歌を引きつつ、詩人たちの実人生と共にしみじみと味わう。

978-4-334-04444-2

1037
宇宙は無限か有限か
松原隆彦

宇宙は無限に続いているのか、それとも有限に途切れているのか。「果て」はあるのかないのか。現代の科学では答えの出ていない〝未解決問題〟を、最新の宇宙論の成果を交えて考察。

978-4-334-04445-9